恩施地质科普丛书

奇妙地质之旅
QIMIAO DIZHI ZHILÜ

——穿越恩施大峡谷-腾龙洞
——CHUANYUE ENSHI DAXIAGU - TENGLONGDONG

李江风　谭志雄　杨佳军　编著
吴　静　张博文　李　婷

中国地质大学出版社
ZHONGGUO DIZHI DAXUE CHUBANSHE

图书在版编目(CIP)数据

奇妙地质之旅：穿越恩施大峡谷：腾龙洞/李江风编著. —武汉：中国地质大学出版社，2022.8
（恩施地质科普丛书）
ISBN 978-7-5625-5362-5

Ⅰ.①奇… Ⅱ.①李… Ⅲ.①地质-国家公园-恩施-普及读物 Ⅳ.①S759.992.634-49

中国版本图书馆CIP数据核字(2022)第179883号

奇妙地质之旅 ——穿越恩施大峡谷-腾龙洞	李江风　谭志雄　杨佳军	编著
	吴　静　张博文　李　婷	

责任编辑：舒立霞　洪梦茜	责任校对：何澍语

出版发行：中国地质大学出版社（武汉市洪山区鲁磨路388号）　邮政编码：430074
电　　话：(027)67883511　　传　　真：(027)67883580　　E-mail：cbb@cug.edu.cn
经　　销：全国新华书店　　　　　　　　　　　　　　　　　http://cugp.cug.edu.cn

开本：889毫米×1194毫米　1/32	字数：162千字	印张：5.625
版次：2022年8月第1版	印次：2022年8月第1次印刷	
印刷：湖北新华印务有限公司		
ISBN 978-7-5625-5362-5		定价：46.00元

如有印装质量问题请与印刷厂联系调换

目 录

引子 ·· 001

1 得天独厚的天然岩溶博物馆 ···································· 005

1.1 地质演化奠基础 ··· 006

1.2 峰丛洼地聚山原 ··· 010

1.3 山地抬升造奇景 ··· 014

2 丹霞地貌环绕的历史文化名城——恩施 ················ 019

2.1 丹岩碧水绕古城 ··· 021

2.2 传奇柳州城 ·· 035

2.3 镇守古城的五峰山 ··· 037

2.4 中国最大的土家族建筑群——恩施土司城 ········ 039

2.5 红色遗产教育地 ··· 043

2.6 古城新貌迎四方 ··· 046

3 震撼世界的套叠型峡谷——恩施大峡谷 ········· 051

3.1 什么是套叠型峡谷？ ········· 052
3.2 嶙峋挺拔的七星寨石柱林 ········· 053
3.3 沐抚大斜坡泄露的地质天机 ········· 061
3.4 伸向地壳深部的裂痕——云龙河地缝 ········· 067
3.5 溯源侵蚀的痕迹——鹿苑坪玄鹿地缝（嶂谷） ········· 076
3.6 鄂西山地抬升的见证——板桥地下河 ········· 078
3.7 一枝独秀的朝天笋 ········· 080
3.8 马者滑坡警示录 ········· 081
3.9 典型的构造断崖——朝东岩绝壁 ········· 082
3.10 姚家平——未来的水利枢纽 ········· 086
3.11 大龙潭库区风光 ········· 088

4 中国最美的洞穴之一——腾龙洞 ········· 093

4.1 亚洲最大的洞穴系统——腾龙洞 ········· 094

4.2 腾龙洞旱洞 ……………………………………096

4.3 中国最大的伏流瀑布——"卧龙吞江" …………100

4.4 清江古河床及"三明三暗" ……………………102

4.5 意境美妙的雪照河 ………………………………106

4.6 精致无比的玉龙洞 ………………………………107

5 湖北最大的天坑群——团堡天坑群 …………109

5.1 峰丛洼地连天坑 …………………………………110

5.2 大瓮天坑 …………………………………………112

5.3 多老河天坑 ………………………………………117

5.4 响水洞天坑 ………………………………………119

5.5 宜影古镇——团堡 ………………………………120

6 遗留在大山深处的古生物群落 ………………127

6.1 路过筲箕天坑 ……………………………………128

6.2 仰望见天坝瀑布 …………………………………129

6.3 感叹古生物礁的生命兴衰 ……………………………………… 131

6.4 掩藏在古生物礁体上的石林 …………………………………… 140

6.5 深山里的"地质文化村"——见天"化石村" ………………… 142

6.6 惊艳的长扁河峡谷 ……………………………………………… 143

7 坡立谷中的"中国凉城"——利川 ………………………………… 147

7.1 "中国南方避暑胜地"——利川佛宝山 ……………………… 151

7.2 "华中天然植物园"——利川星斗山 ………………………… 154

7.3 珍稀孑遗植物 …………………………………………………… 155

7.4 世界优秀民歌之一 ——《龙船调》 …………………………… 158

7.5 "明清庄园"——大水井 ……………………………………… 161

7.6 "千年土家古堡"——鱼木寨 ………………………………… 163

结束语 …………………………………………………………………… 167

主要参考文献 …………………………………………………………… 169

引 子

2012年11月,在号称"世界十字路口"的美国纽约时代广场最著名的广告屏上,一组极具奇特自然风光和民族文化、代表中国形象的"中国恩施等你来"展示片,在这里首次亮相。时隔六年,2018年11月,纽约时代广场大屏上再现活泼灵动的土家幺妹与仙境般的山水画卷,"恩施形象"再次吸引了全球目光,走出中国,走向世界,向全世界展示大美恩施(图0-1)。

恩施以其美不胜收的奇观壮景、历史悠久的民俗风情、热情洋溢的民歌舞蹈、独具风味的美食饮品、健康纯净的生态秘境,成为广大中外游客眼中名副其实的"中国好山水,天赐恩施州",被美国CNN评选为"中国最美仙境"。

恩施大峡谷-腾龙洞是"美丽恩施"最具核心竞争力的吸引物。这里拥有世界上独一无二的地质奇观、得天独厚的生态环境、富有底蕴的人文景观,是公认的观光休闲、康体养生、自然探险、地质研学的极佳去处。这里记录了自5亿多年前寒武纪以来的沉积作用、构造变动、造貌过程。这里有广泛分布的碳酸盐岩,为鄂西完整、系统的岩溶地貌的形成奠定了物质基础。恩施大峡谷-腾龙洞地区拥有丰富多样的地质遗迹,是全球罕见的、不可多得的重要地质遗迹展示区,是地质科学研究、地质科普活动的天然课堂,是世界上最典型的"岩溶学博物馆"之一。

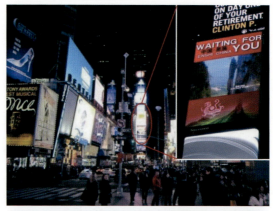

图0-1 "恩施"出现在纽约时代广场大屏

恩施大峡谷,被专家誉为可与美国科罗拉多大峡谷相媲美,拥有"世界地质奇观-东方科罗拉多"的美誉。恩施大峡谷是世界上难得一见的"天坑-地缝-绝壁-岩柱群-滑坡"同时并存的复合型峡谷,又称为"套叠型峡谷"。这里峡谷河流、绝壁断崖、峰丛洼地、石林石柱、天坑地缝、溶洞暗河、滑坡崩塌、飞瀑流泉等地质景观一应俱全。这里有"八百里清江,八百里画廊"的清江精华河流段;有"人类与灾害共存"的沐抚、马者大斜坡、大滑坡地质灾害群;有石柱密布、奇峰林立、绝壁高耸、震惊世人的七星寨石柱林及绝壁陡崖;有"地球最美丽的裂缝"——云龙河地缝(嶂谷);有古朴清幽的"世外桃源"——鹿苑坪峡谷；这里还可见到在不同海拔的岩溶台面上分布的峰丛洼地,是中国西南岩溶区最典型、最有代表性的地貌单元。

腾龙洞,中国最美的洞穴系统之一。这里地表地下构成的完整的岩溶地貌-水文系统,是研究大型洞穴系统形成机理、河流及伏流发育演化史的天然实验室。腾龙洞包括旱洞和伏流两大系统。腾龙洞旱洞是目前已知的世界上最大的洞穴通道之一,旱洞内支洞繁多,洞穴沉积物琳琅满目,保留有清江古河道,以及"三明三暗"的地质奇观。清江伏流——"卧龙吞江",是中国最长、落差最大的地下伏流系统。

这里,还有精致无比的玉龙洞,洞中有以"鹅管"状钟乳石为代表的丰富多彩、琳琅满目的洞穴沉积物。

团堡天坑群,湖北最大的天坑群,巧妙地构建了峰丛洼地与天坑的地貌组合,反映了峰丛、洼地、天坑、地下暗河系统三维立体的演化过程,是岩溶地貌演化的天然模型,著名的天坑有大翁天坑、多老河天坑和响水洞天坑等。

这里还遗存有地质时期生命演化的痕迹,最为集中的化石层有：4亿多年前奥陶纪地层中的各种角石；2亿多年前二叠纪以海绵为主的生物礁；三叠纪早期的牙形石等。其中,利川见天坝生物礁是中国发育最典型、保存最完好的二叠纪生物礁之一。对研究二叠纪末生物大灭绝事件发生前的古海洋环境和生态系统,具有重要科学意义。

这些地质景观具有深刻的科学内涵,其系统性、典型性、优美性、完整性、科学性均是国内外同类遗迹的典型代表,具有国际对比意义及很高的景观价值。

恩施大峡谷-腾龙洞所在的鄂西山区,动植物资源丰富,有"鄂西林海""华中植物园""天然基因库""华中药库"的美誉。境内森林覆盖率高达70.14%,有219科1038属4000多种植物和500多种陆生脊椎动物,有40余种植物和70余种动物属于国家级珍稀保护品种。区域内药用资源品种多达2080种,"鸡爪黄连"产量全国第一,"紫油厚朴"乃国家珍品,特别是中国板党、湖北贝母、江边一碗水、头顶一颗珠等数十种名贵中药材,在国内外久负盛名。

恩施是"世界硒都",也是世界上唯一有独立硒矿床的地区。恩施地区的硒矿蕴藏量大,土壤中硒含量高,其中富硒茶"利川红""恩施玉

露"成为国宴饮品,区域富硒绿色食品、药品的生产和开发,为人类的健康长寿带来福音。

恩施大峡谷-腾龙洞地区还是一座绚丽多彩的少数民族文化宝库,这一地区所在的清江也是中华文明的摇篮之一。这里土家族、苗族、侗族等少数民族文化资源种类繁多,特色鲜明,留下了许多宝贵的民族民间文化资源。区域内有以土家吊脚楼为代表的民族建筑;有以摆手舞、撒尔嗬等为代表的民族歌舞;有以土家族情人节"女儿会"为代表的民族节庆;有以西兰卡普为代表的民族手工工艺;有以利川肉连响、灯歌、恩施灯戏、扬琴为代表的国家非物质文化遗产。利川民歌《龙船调》,是世界最优秀的民歌之一,享誉海内外。恩施土司城是湖北省级历史文化名城恩施市的重要历史文化支撑,也是全国规模最大、风格最独特的土家建筑群,恩施土司城的建设使独特的丹霞地貌与土家民族风情、历史文化底蕴相得益彰,交相辉映,构成一幅绚丽多彩的画卷。

以恩施大峡谷-腾龙洞为基础的地质公园,经过多年的保护与开发,已建有地质博物馆、地质遗迹保护站、自然保护地产学研基地。当前,公园旅游发展如火如荼,已成为海内外重要的旅游目的地。公园旅游所产生的巨大效益,推动了当地社会经济发展,带动了社区全面脱贫,2020年"世界旅游联盟"和"中国国际扶贫中心"联合发布,将恩施大峡谷列入《世界旅游联盟旅游减贫案例》。未来,这一区域将会成为地质遗产保护的典范、环境教育的课堂和地质旅游的乐园,为区域社会经济的可持续发展作出贡献。

1 得天独厚的天然岩溶博物馆

1.1 地质演化奠基础

恩施大峡谷-腾龙洞地质公园位于湖北省恩施土家族苗族自治州（简称"恩施州"）的利川市和恩施市境内，公园西北、西南与重庆市毗邻（图1-1）。

恩施大峡谷-腾龙洞地质公园地处扬子准地台的中部，上扬子和中扬子的交接处，属川鄂湘黔隆褶带北缘的一部分，系云贵高原东北延伸部分、大巴山和武陵山脉交汇地带，山地、峡谷、丘陵、山间盆地及河谷平川相互交错。公园范围内以中低山山地为主，总体地势呈西北高东南低，四周群山重叠，河谷深

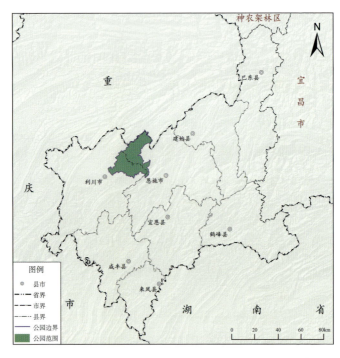

图1-1 恩施州及公园位置示意图

切,峡谷众多(图1-2)。

公园记录了区域内地壳形成与演化的岩石、构造形迹和沉积建造,如褶皱和断裂;拥有寒武纪以来的沉积、变形事件以及与之相关地质遗迹,二叠系—三叠系的沉积序列较发育(图1-3)。在漫长的地质历史长河中所形成的各种典型地质地貌景观、水体景观、地质灾害景观等都具有极其重要的地学研究价值和地质科普意义。此外,园区内丰富的古生物化石对研究地球生命演化、鄂西地区的古地理环境、古生态组成等具有重要科学意义。

1 得天独厚的天然岩溶博物馆

区域内出露的地层主要为震旦系(Z)—三叠系(T),广泛沉积的碳酸盐岩及岩溶作用为岩溶景观的形成奠定了基础。其中,二叠系、三叠系是恩施大峡谷-腾龙洞地质公园中出露最广泛的地层,在恩施的沐抚、屯堡、板桥和利川的东城、团堡等广泛出露。公园内典型的二叠系—三叠系地层剖面,不仅可以作为区域同时代地层的对比依据,还对该地区古地理、古气候变迁及地质构造运动具有极大的科学研究价值。

图1-2 区域地貌影像及地质构造示意图

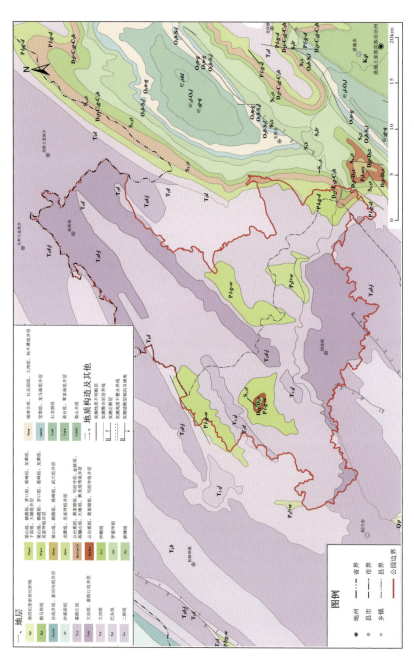

图 1-3 公园地质图

1 得天独厚的天然岩溶博物馆

公园及周边区域构造变形较为复杂,褶皱、断裂均发育。其中,褶皱构造以近北东向、北北东向为主,近东西向为辅。主要的代表性褶皱有以中、下三叠统为主构成的齐岳山宽阔的槽状向斜,核部由寒武系和奥陶系构成的北东向屯堡－太阳河背斜,背向斜构造组成典型的侏罗山式褶皱。断裂构造以近北东向、北北东向为主,它们共同造就了区域地质构造的总轮廓(图1-4)。

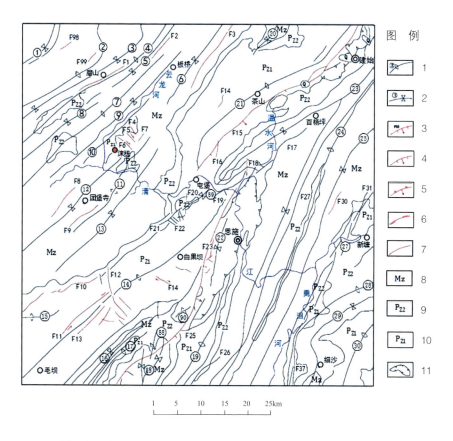

1.背斜及编号;2.向斜及编号;3.断层及编号;4.正断层;5.逆断层;6.平移断层;7.性质不明断层;8.中生界;
9.上古生界;10.下古生界;11.中生代盆地。

图1-4 区域构造纲要图(据苏潇,2010)

1.2 峰丛洼地聚山原

公园西临四川盆地边缘,地处我国地势的第二梯级末端,属于云贵高原之东北缘的鄂西山地,以中高山侵蚀、溶蚀地貌为主。武陵山脉余支从东南部蜿蜒入境,西有大娄山山脉向北延伸,北有巫山山脉环绕。地势西北、西南两翼高,中部低。区内崇山峻岭,山峦逶迤,河谷多成深峡,多急流瀑布;区内岩溶地貌发育,是我国南方喀斯特山地中丘丛和峰丛洼地岩溶地貌类型最典型发育区之一。多级岩溶台面发育,主要示在海拔<700m,700~<1200m,1200~<1600m,1600~<1800m,≥1800m等五级面积不等的岩溶台面上(图1-5)。

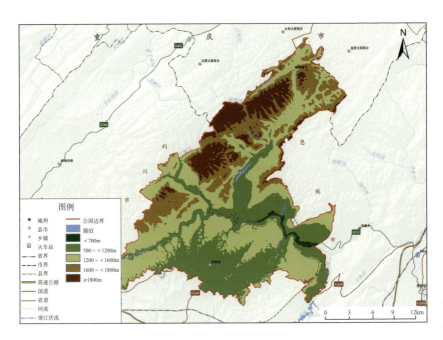

图1-5 公园五级岩溶台面

恩施所在的鄂西山地,是我国山原地貌最发育的地区之一。鄂西山地经过地貌抬升的鄂西期、山原期和清江峡谷期的演化发展(图1-6),形成现今的地貌格局,其中,山原地貌最为典型。

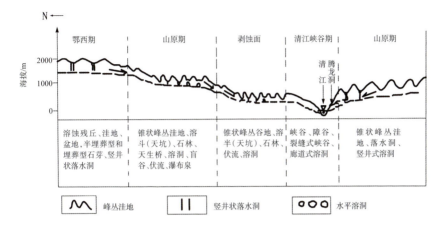

图1-6 鄂西山地演化示意图

小知识 山原地貌

山原地貌是在强烈的地壳抬升以及河流剧烈下切侵蚀共同作用下形成的由高山、山系、残留高原面等组成的地貌综合体。在我国,这样的地貌仅发育于黔西、黔北及鄂西地区,尤其以鄂西恩施、黔西六盘水地区最为典型。

恩施大峡谷-腾龙洞地质公园位于清江流域上游,总体地形四周高,中间低,地势由西部往东部倾斜。西北部分水岭由齐岳山构成,高程为1500~1800m,最高峰为1 911.5m,整体呈北东向分布的长条形山脉,为清江和长江的分水岭;北部分水岭由白庙子、板桥、太阳一带一系列块状山及条状山构成,为清江和长江的分水岭,地表高程一般为600~1800m,最高点高程为1882m;南部分水岭位于福宝山、马前及见天坝一带,主要由东西走向(西段福宝山至马前)及北东走向

(东段马前至恩施)的块状山和条状山组成,为清江和乌江的分水岭,地表高程一般为1400~1800m。分水岭地带,清江支流水系十分发育,河谷深切,地形崎岖。清江干流自流域中部由西往东流经利川、恩施,地表高程一般为500~1100m,以恩施大龙潭为界,西部为清江上游,东部为清江中游(图1-7)。

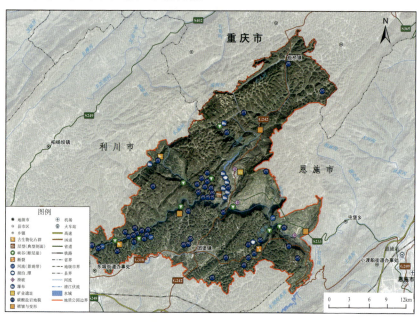

图1-7 公园遥感影像图

恩施大峡谷-腾龙洞地质公园内清江干流以北主要以峰丛洼地和峰丛峡谷地貌为主,并发育有多级岩溶台面,不同岩溶台面之间以斜坡或陡崖相连;西部齐岳山一带主要以大型岩溶槽谷、岩溶洼地及岩溶斜坡地貌为主;流域西南部福宝山一带主要以碎屑岩侵蚀、剥蚀地貌为主,沟谷发育,地形起伏大;流域东南部则以北东向分布的峰丛洼地、岩溶槽谷及斜坡地貌为主;中部地势相对平缓开阔,并发育有两个大型山间盆地。公园位于两个盆地之间:公园的西部为高程1000~1100m的利川岩溶盆地(坡立谷),东部为高程500~580m的恩施断陷盆地。

自分水岭往中部干流,地势逐

渐降低。海拔1000m以上分布最广泛的地貌形态是峰丛-洼地,峰丛-洼地几乎遍及地质公园内海拔1000~1500m的地区(图1-8、图1-9)。

图1-8　峰丛-洼地影像图

图1-9　利川团堡峰丛地貌

小知识　峰丛-洼地

　　峰丛是指顶部为锥状,基部相连的溶峰,经过强烈的溶蚀作用形成的,一般发育在地壳抬升幅度明显、排水基面高差大且河流深切的地区,是我国西南岩溶地区分布最为广泛的宏观岩溶形态。峰丛之间一般由洼地等负地形相连,所以,这种峰丛-洼地是恩施大峡谷-腾龙洞公园最具特征的岩溶地貌组合。

1.3 山地抬升造奇景

区内碳酸盐岩广泛分布,岩溶地貌极其发育,几乎涵盖了中国南方亚热带岩溶地貌类型的所有系列,包括地表的岩溶峰丛、石柱林、洼地、天坑、峡谷,地下河和洞穴及次生化学沉积物。区内的清江伏流作为岩溶科学最具代表性的典型伏流,被引入《岩溶学词典》中,是中国最大的伏流,也是世界最大的伏流之一。而清江支流的云龙河,峡谷幽深,以"大地缝"而闻名于世。云龙河峡谷右岸顶部为七星寨石柱林、绝壁景观,左岸为沐抚岩溶台地。清江干流与支流云龙河在利川团堡与恩施接壤的两河口交汇,构成了大峡谷相连、交错,岩溶地貌发育等举世罕见的地质景观。园区内丰富多彩的地貌景观对岩溶地貌学、现代地貌学、第四纪地质学等研究具有极大的科学价值。

自古生代至中三叠世,本区是较为稳定的地台区,晚古生代至早三叠世多为海相地层沉积;在中三叠世末期(距今2.37亿年),本区巨厚的海相地层被抬升成为陆地;燕山运动(距今1.3亿～0.7亿年)时期,地质公园所在区域随扬子准地台一起,发生了强烈的褶皱、断裂,形成今日之构造景观(图1-10)。距今约6000万年的古近纪初,地壳相对稳定,地面多表现为高大的岩溶丘陵与溶蚀洼地组合的岩溶台面,周边汇来的外源水侵蚀溶蚀性强烈,开拓了长堰槽高岩等地的地表岩溶槽谷。

喜马拉雅运动使本区大幅度隆升,并不断受风化剥蚀,形成今日利川、恩施雄伟壮丽的地貌景观。

第四纪早期—中期(距今2.04～1.8Ma):喜马拉雅运动使得地壳抬升,前期形成的地表槽谷河道被抬升成为干谷,溶蚀盆地地表流水与地下水已基本形成统一的水系,地表水注入雏形期的腾龙洞洞穴系统(主洞及支洞)排泄(图1-11-①),但仍未改变利川盆地外围的岩溶台面形态。

第四纪中期—后期(距今0.5～0.3Ma)或之后:区内地壳大面积间歇性抬升,排泄基准面的阶段性下降和岩溶作用的叠加,主要呈水平延伸的腾龙洞及支洞被抬升而成为旱洞(图1-11-②);地表河道发生

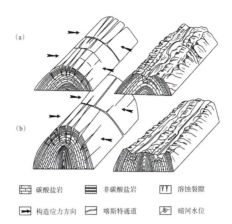

|≡≡| 碳酸盐岩　　|≡≡| 非碳酸盐岩　　|YY| 溶蚀裂隙
|→| 构造应力方向　|/| 喀斯特通道　　|▽| 暗河水位

图1-10　紧密褶皱地区溶脊槽谷类型发育过程模型图
(a)单一槽谷发育型；(b)双槽谷发育型

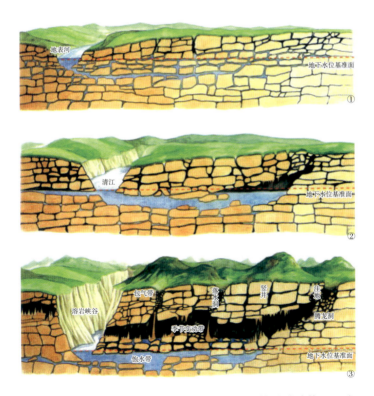

图1-11　腾龙洞水洞、旱洞形成演化图(据鄢志武等,2018)

多次下降迁移,被遗弃而成为干河床(清江古河床),最终清江自"卧龙吞江"落水洞进入地下,重新变成伏流,一直到观彩峡、黑洞才转变为地表明流(图1-11-③)。后期,地壳间歇性抬升,由于洞顶不断崩塌,使得腾龙洞洞顶高度不断增加,导致局部崩顶形成天窗。如继续崩塌,至大面积塌顶,洞穴或支洞变成嶂谷或穿洞(三龙门)。伏流段东西两端的清江河谷深切,形成壮观的峡谷、嶂谷(图1-12)。

与此同时,恩施大峡谷七星寨峰丛山体边缘、近水平状的薄层灰

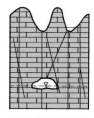 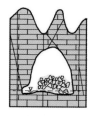 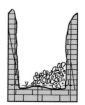

Ⅰ.清江伏流阶段(早期)　　Ⅱ.腾龙洞崩塌洞厅阶段　　Ⅲ.腾龙洞支洞嶂谷阶段

图1-12　腾龙洞洞厅、支洞嶂谷演化图(据鄢志武等,2018)

岩岩壁,其内部发育的多组垂向节理裂隙,由于含二氧化碳的雨水和地表水将多组竖向节理溶蚀扩大,岩柱逐步与岩壁分离,加上所发生的重力崩塌作用,部分岩柱体保留了下来,最终形成了世界罕见的石柱式峰林景观(图1-13)。

恩施地区溶洞的空间展布,也遵循地壳抬升的规律。公园及周边区域的各种溶洞主要集中成层分布

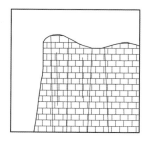 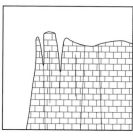 

1.节理裂隙阶段　　　　2.溶沟发育阶段　　　　3.石柱林发育阶段

图1-13　恩施大峡谷石柱林演化模式图(据苏潇,2010)

于现代河谷两岸,或散布于岩溶台面上的洼地、谷地底部及岗状分水岭地带的崖壁和山坡,成层分布特点显著,整个恩施地区的水平岩溶洞穴,大致分为四层:最低一层为600~800m,第二层为800~1000m,第三层为1000~1300m,第四层为1500~1700m(图1-14)。水平溶洞洞口高程常常与剥夷面、阶地面相当。这些洞穴不仅具有很好的成层性,而且横向洞穴与垂向洞穴成因关系密切。这种横向发育的水平通道,反映了不同时期稳定的古潜水面的位置(袁道先,1988);Atkinson(1992)则认为这种洞穴组成形式很好地反映了一个岩溶地区新构造运动的发生方式。岩溶洞穴层状分布主要受地壳间歇性抬升以及断裂构造、地层岩性、地下水等综合因素的控制,岩溶发育在垂向上亦具有多层性,层状岩溶地貌清晰,表明从古近纪开始到早更新世,鄂西山地有多次间歇性隆升过程。

综上所述,恩施大峡谷－腾龙洞地质公园的地形地貌与该地区所属的大地构造部位和所处的地质条件关系明显,现今高耸的地形,与鄂西一带不断抬升的地壳运动有关,而山脉的走势与大规模的古褶皱走向一致。地貌的形态受构造、岩性以及后期的侵蚀、溶蚀等作用的控制,如公园内大量的岩溶地貌,除了与断裂、褶皱构造的发育有关外,主要受控于地层的岩性,即与分布面积占2/3以上的碳酸盐岩有关,正因如此,本区的岩溶景观才能持续强烈发育,从而呈现出现今类型众多、相互配套、形态典型的特点,它们不仅具有极高的美学观赏价值,更丰富了地质地貌学的研究内容。

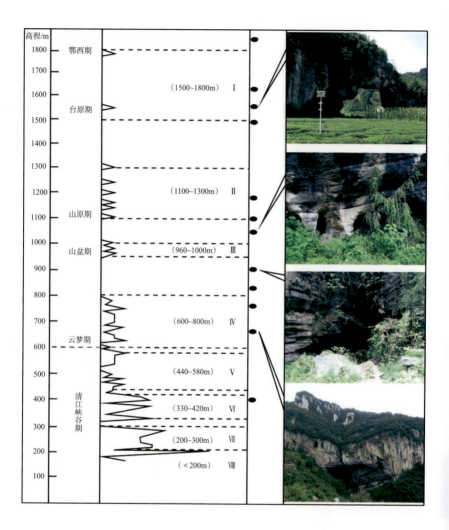

图1-14 恩施地区水平溶洞高程分布图(据王增银等,1995)

2 丹霞地貌环绕的历史文化名城
——恩施

恩施市为恩施土家族苗族自治州首府(图2-1),地处湖北省西南腹地,位于武陵山北部,清江流域中、上游。恩施市所在地区属中国地势第二级阶梯末端,云贵高原东延部分,境内崇山峻岭,山峦逶迤,水系纵横,丘丛、峰丛洼地、石林、石笋、悬崖绝壁、深洞天坑等喀斯特地貌(岩溶地貌)发育。恩施市整个城市则坐落在红色盆地(恩施盆地)中,这是由一大片白垩系红色砂岩、砂砾岩、砾岩组成的盆地,清江干流穿城而过,是典型的由"碧水""丹崖"组成的丹霞地貌。它不仅仅是一座历史文化名城,而且具有得天独厚的自然生态奇观,正如"天恩浩荡,泽被施州"。恩施古城距今已有1000多年历史,市内现存的施州古城墙、古街区、古塔、武圣宫、文庙、柳州城、土司城等,无不充满着浓厚的历史文化气息,市内还有丰富的红色革命文化资源和抗战文化资源。凭借着千百年来积淀的历史文化底蕴,恩施于1991年被列为湖北省首批九大历史文化名城之一。

图2-1　恩施市(来源:http://hbenshi.com.cn)

❷ 丹霞地貌环绕的历史文化名城 ——恩施

2.1 丹岩碧水绕古城

恩施古城,也称施州古城,位于清江河畔,依山傍水。据清同治版《恩施县志》载:"宋旧城,即今象牙山及瑞狮岩因山为之,元仍其旧。"可知,恩施古城始建于宋代,建造的时候还是座土城,历经元、明、清各朝的扩建和维修,成为全国目前较少保存的有古城墙、碑刻和丰富历史文化内涵的宋城遗址,距今已有1000多年历史,是鄂、渝、湘、黔交界的土家族地区历史最悠久的古城之一。从周学聪老人绘制的《施州古城复原图》中可以看到历史上施州古城内车水马龙、街市繁荣,呈现出一片安泰祥和的景象(图2-2)。

施州古城自建立之初就巧妙地利用了其特殊的地形地貌条件,整座古城依山形、就地势,最大限度地利用原有地形地貌特征,形成了一种历史上极为少见的城墙建筑体(牟伦超,2016)。登古城墙,从高处俯瞰,可清楚地看到矗立在古城周边的摩天岭、凤凰山、五峰山等由红色砂砾岩组成的山脉,丹峰翠峦,与

图2-2 《施州古城复原图》(周学聪绘)

环绕古城的清江及其支流麒麟溪、高桥河、芭蕉河等河流山水依存，可谓是"丹岩碧水绕古城""三山四水卫古城"，蔚为大观（邓斌，2011）（图2-3、图2-4）。

现在的施州古城遗址，位于恩施市舞阳坝街道办事处周河村、六角亭街道办事处六角亭老城区，由古施州城楼城墙遗址、柳州城遗址、南宋引种西瓜摩崖石刻和通天洞石刻共同组成，总面积达10km^2，2006年5月25日，施州古城被宣布成为第六批全国重点文物保护单位。施州古城历经千年沧桑和无数次的战火洗礼，城内至今还保留着许多珍贵的历史建筑和遗迹，是全国较少保存的古代山区城池。其中，施州古城墙、古街区、古建筑等最具代表意义。

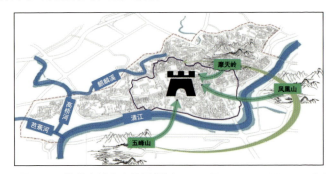

图2-3 施州古城山水格局（引自https://zhuanlan.zhihu.com/p/346770209）

图2-4 丹岩碧水绕古城（引自https://zhuanlan.zhihu.com/p/346770209）

>>> 2.1.1 恩施盆地与丹霞地貌

恩施州位于云贵高原东北端、鄂西南褶皱山区,地处扬子地台之八面山台褶带,受新构造运动间歇性活动的影响,全州大面积抬升隆起形成山脉,局部断陷,沉积形成多层次的平面和山间河谷断陷盆地,恩施盆地就是其中之一。

恩施盆地又称为恩施红层盆地,被白垩系跑马岗组红色砂砾岩覆盖(图2-5)。恩施红层盆地呈条带状分布,沿近南北方向延伸,北起龙凤坝,南至芭蕉,东抵向家村—大沙坝,西达松树坪—高桥坝,长约33km,宽1~9km,面积约153.2km²,总体地势为西北与东南高,中部低。地貌形态由盆地外围到盆地中央可分为外围山地带,边缘红层低山带、红层低山-丘陵带、阶地-平原带(杨海燕等,2017)。盆地中部出露白垩系,主要为晚白垩世跑马岗组(K_2p),岩性以红色、浅棕色的中厚层中细粒

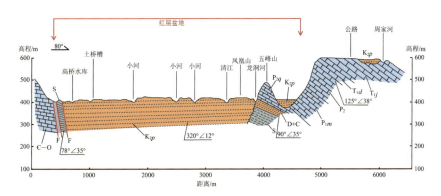

图2-5 恩施红层盆地剖面图

小知识 红层和红层盆地

红层,是中生代至新生代初期沉积的陆相红色砂岩、砾岩和页岩所组成的地层,主要堆积于中生代燕山期造山运动所形成的断陷盆地中,故其分布区常被称为"红层盆地"。"红层盆地"外围为山地带,边缘为红层高丘陵或低丘陵带,盆地中心区则形成"丹霞地貌"和阶地、平原带。

砂岩、粉砂岩为主,占总面积的81%左右;西缘出露古生界寒武系至奥陶系;东缘则为泥盆系至三叠系;第四系主要分布在清江和浑水河下游两岸,山间洼地有零星分布,主要为河流冲积和冰川沉积形成的松散堆积体(肖尚德,2016)。

小知识 盆地特征及形成原因

盆地,是指四周地势较高,中部地势较低的地表形态,因整个地形外观与盆子相似而得名,是基本地形之一。在地壳运动作用下,地下的岩层受到挤压或拉伸,变得弯曲或产生了断裂就会使有些部分的岩石隆起,有些部分下降,如下降的那部分被隆起的那些部分包围,盆地的雏形就形成了。

恩施盆地中广泛覆盖的红色砂砾岩(图2-6、图2-7)为丹霞地貌的形成提供了必要条件。丹霞地貌一般是指红色砂岩经长期风化剥蚀和流水侵蚀,加之特殊的地质结构、气候变化以及风力等自然环境的影响,形成孤立的山峰或陡峭的奇岩怪石等独特地貌。恩施盆地边缘地区是丹霞地貌的主要分布区,因为盆地边缘的大量冲洪积物多成为较坚硬的红色砾岩或砂砾岩,再经反复地抬升、侵蚀后形成丹霞地貌(图2-8)。

丹霞地貌最突出的特点是"赤

图2-6 砂岩

图2-7 砾岩

❷ 丹霞地貌环绕的历史文化名城
——恩施

图2-8 恩施市遥感影像图

壁丹崖"广泛发育,形成了顶平、身陡、麓缓的方山、石墙、石峰、石柱等奇险的地貌形态(黄进,1991)。在恩施老城外的挂榜岩、月亮崖、狮子崖、凤凰山,老城内象牙山、敖脊山、碧波峰等均是高度大于10m、坡度55°~90°之间的丹霞陡崖地貌,间有丹霞洞穴分布。

小知识 "丹霞地貌"的命名

广东丹霞山,"色如渥丹,灿若明霞",以赤壁丹崖为特色,由红色砂砾岩陆相沉积岩构成,是"丹霞地貌"的命名地。丹霞地貌在我国广泛分布,目前已查明丹霞地貌1005处。2010年"中国丹霞"正式批准成为世界自然遗产。

恩施市的"丹霞洞穴"位于恩施市六角亭街道瓦店子村，主要由红色砂岩组成，经长期风化剥蚀和流水侵蚀，形成了许多崖洞。砂岩质地疏松，易于修整开凿，成为恩施土家族的"崖穴之家"（图2-9）。崖居，亦称穴居，是利用山崖峭壁上的洞穴作为生活居住地，可在崖穴内建构房屋。

恩施，古亦称"施南"，在施南城北，有一座红色砂石悬崖，像一道墙壁，又高又陡，这就是典型的丹霞地貌挂榜岩，清同治版《恩施县志》中记载："挂榜岩在城北里许，红岩壁立，宛如张榜。"古代恩施有著名的四景："东有五凤朝阳""南有活龙奔江""西有犀牛望月""北有悬崖张榜"，其中"北有悬崖张榜"指的就是挂榜岩。民间传说过去有人若中了秀才、举人、进士，岩上会现出榜文和其名字，故称挂榜岩（图2-10）。

小知识 丹霞洞穴地貌

丹霞洞穴地貌，是指红色碎屑岩受到风化侵蚀、崩塌侵蚀、流水侵蚀、溶解侵蚀、海蚀、风蚀等侵蚀作用形成雄伟奇险的岩洞。这种地貌往往发育在砾岩、砂泥岩等相间的丹霞岩壁上或崖麓处。

图2-9 丹霞崖穴民居（引自http://www.dili360.com/gallery/478.htm）

❷ 丹霞地貌环绕的历史文化名城
——恩施

图 2-10　丹霞地貌——挂榜岩（引自 https://baike.baidu.com）

▶▶▶ 2.1.2　古老的城墙

城墙是古代城市的重要标志，是城市历史的标识物，是人类文明发展史上阶段性的产物。施州古城墙是施州城遗址中最具有代表意义的部分之一，是国家级文物保护遗址，被称为"古代城池的活标本"。在千年的风云变化中，古城墙历经战事沧桑，任风雨剥蚀，却依然屹立着，正是这一道道、一重重墙垣组成了恩施古城的骨架和结构，是古代恩施城市发展和历史变迁的见证者。漫步在古城墙上，遥望着城墙守护的施州古城，领略古老与现代的结合，感受施州古城风韵和厚重的历史文化（图 2-11）。

图 2-11　漫步施州古城墙（引自 https://zhuanlan.zhihu.com/p/346770209）

施州古城墙经历了宋、元、明、清等朝代，距今已有1000多年历史。南宋时开始建土城和土城墙，元时加固维修土城墙，经明朝洪武年间修建成石墙，清朝维修扩建后，形成了相对完整的、具有独特风格的古代城墙。因地形地貌缘故，施州古城墙带有山地城市的特点，依山傍水，呈不规则的波浪形，从北门河坝（原北门古城墙）到东门大桥（原东门古城墙），再沿着六角亭到南门、西门古城墙，环绕着整个恩施老城区，总长约2840m，清江流经古城，成为天然的护城河（图2-12）。

图2-12 《施州古城墙复原图》（周学聪绘）

施州古城墙的建筑风格独树一帜，是湖北省仅有、全国少见的古城墙（图2-13）。依山挖成城墙壁，外侧垒加石块，看起来城墙高垒，壁垒森严，城内是巷道屋舍，城外以清江为天然护城河，是古代山区城池的活标本，与平原地区建的高城墙、深挖的护城河相比有着别样的风格。施州城门依山形地势而建，四城门并不对称，城门建筑也没有瓮城，人们还在出入较为方便的城墙处，开豁口，建石级阶梯（图2-14）。

❷ 丹霞地貌环绕的历史文化名城
——恩施

图2-13 施州古城墙(引自https://zhuanlan.zhihu.com/p/68687007)

图2-14 施州古城墙城门处(引自https://news.hbtv.com.cn/p/1696245.html)

>>> **2.1.3 古老的街区**

恩施地处鄂西南山区,地形以山地为主,恩施古城的建设自然也绕不开山,依山建城,依山就势布局城门街巷,因此恩施古城的街道很难在一条直线上,街巷常是弯弯曲曲的,路面也常呈坡度延伸,形成了随地势起伏的"坡坡街、弯弯巷"街巷布局,以及错综复杂又独特的山城特色风貌(贺孝贵,2014)。明清时施州城内外形成12街19巷的格局,条条街巷之间尽显繁华兴盛(图2-15)。

029

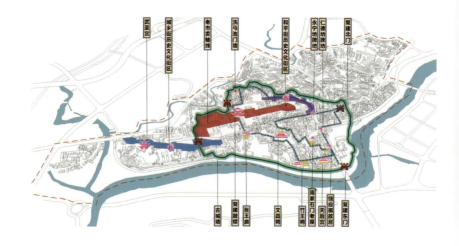

图2-15 施州古城街巷模型图（引自https://zhuanlan.zhihu.com/p/346770209）

恩施古城内现存的街巷主要有城乡街、和平街、公园街、西后街、胜利街、解放路、中山路、清江西路、薛家巷、学田巷、三义宫巷、塘进巷等传统街巷，这些传统古街巷可以展示过去很长一段时间人们的生活场景、文化和生活气息等方方面面（图2-16）。其中，城乡街、和平街和西后街已在2020年成功入选第一批湖北省历史文化街区。历史文化街区是历史文化发展的实物例证，是不可再生的珍贵资源，具有重要的历史文化价值。

图2-16 恩施市传统古街巷（引自https://enshi.leju.com/news/2019-09-27/1617658326319213452768.shtml）

❷ 丹霞地貌环绕的历史文化名城——恩施

和平街街巷位于恩施市六角亭老城片区的核心区域,长约350m,自清朝开始便初具规模,周边的环境空间随着城市发展,逐渐成为恩施老城的商业、政治和文化中心,环境商业最鼎盛时期从清朝到20世纪80年代,经历了三百多年(王小刚,2020)。随着恩施城市中心的迁移变化,这里被列为古城风貌保护区,南、北以建筑院落为界,拥有大量的历史文保建筑,这些建筑多是清末民国年间的建筑,保留了恩施古街区的历史年代感(图2-17)。

图2-17　恩施和平街巷图(百度地图实景图截取)

西后街传统街巷包括西后街、洗马池至公园路,两侧以建筑院落为界。传统街巷内的建筑风貌较为统一,具有一定的历史价值,部分年代建筑为大木构架,建筑立面上有传统民俗雕刻(王小刚,2020)(图2-18)。位于西后街的洗马池,是清朝施南协署现存唯一的遗迹,由清朝光绪十二年(1886年)施南协署副将领主持修建,池面积42m²,深1.5m,墙门呈"凸"字形,上嵌碑刻"洗马池"三字(图2-19)。

图2-18　恩施西后街巷

图2-19 恩施西后街洗马池

2.1.4 古老的建筑

施州老城内历史文化遗产众多,有著名的武圣宫、文昌祠、白衣庵、周家石门老屋等古建筑,这些古建筑是恩施古代建筑技术、艺术的结晶,也是城市历史和文化记忆的延续,是老城文化传统的重要组成部分之一,是城市历史价值保存的物质载体,对研究恩施土家族、苗族等少数民族历史文化有着重要的参考价值。

恩施市曾有"24宫""48庙"及"二祠十宫十八庙"之说,宫祠庙观数目众多,可见香火之旺盛,恩施城区现存的仅剩武圣宫、文昌祠、白衣庵3座寺庙。

武圣宫,始建于唐开元年间,又名开元寺。后在南明永历元年间(清顺治四年,1647年),南明王朝为了聚拢李自成、张献忠及夔东十三家民间武装进行"反清复明",以武圣关羽之"忠义""忠勇"鼓舞士气而改建,因奉祀"武圣"关羽,故改名为武圣宫、关帝庙。武圣宫现位于恩施市城乡西侧,清江河西岸,东与五峰山、连珠塔隔江相峙,占地面积3960m²,建筑面积1057m²。武圣宫内建筑为砖木结构,戏台、戏楼、走马转角楼、正殿等都具明、清建筑风格(图2-20~图2-22)。2002年10月,武圣宫被确定为湖北省级文物保护单位。

初入恩施,追寻那一缕清幽而深远的文脉之香,自然不能不拜祭

2 丹霞地貌环绕的历史文化名城——恩施

图2-20　恩施市武圣宫

图2-21　武圣宫戏楼

图2-22　武圣宫大殿

作为当地文脉象征的文昌祠。恩施文昌祠，又名文昌宫、文昌庙，始建于明代后期（1590—1600年）（图2-23、图2-24），位于城南门外，后来在嘉庆三年（1798年）移祠址于恩施城内鳌脊山山顶，并完善竣工。文昌祠坐西朝东，为双重檐歇山顶无斗拱砖木结构建筑，东西长25m，南北宽15m，占地375m²。正门为牌坊式，出檐飞角，饰以人物、山水、花草，石门框上则雕刻吼狮云龙，整个门墙富丽堂皇，为祠中建筑的精华。文昌祠是历代渴求功名仕途的士人祭祀文昌、行吟浅唱之所，长久以来被誉为施南文风的重要发祥地，1992年被湖北省人民政府公布为省级文物保护单位。

白衣庵，原名无垢庵，主祀观

图2-23 文昌祠正门

图2-24 文昌宫大殿

音,又称白衣大士,故名白衣庵(图2-25)。它建于湖北省恩施市胜利街后碧波峰腰,诗仙李白的著名诗歌《把酒问月》就是在碧波峰腰所写。白衣庵是恩施州城唯一的尼姑庵堂,供奉观音佛像,曾是烧香朝佛、消夏度暑的地方,嘉庆年间曾被题名为"林壑尤美"。

图2-25 白衣庵

2.2 传奇柳州城

柳州城原名椅子山,又名旧州城、州基山,在恩施市城区东面约10km的椅子山上(图2-26),南宋开庆初年(1259年)至元世祖忽必烈元十三年(1276年),郡守谢昌元为了抗击蒙古军曾将施州城移于此,是南宋时期施州的重要军事驻地,是抗元斗争的军事城堡遗址。柳州城用石块与土垒成,依山势修筑城墙,尤以西、南段城墙保存完整,墙体上的女儿墙基本保持原状,现保存城墙约长6500m、宽3.5m,最高处达1m。恩施柳州城是全国重点文物保护单位"施州城址"的一部分,具有740多年悠久历史,保存现状较好,具有重大历史、文化、科研价值。

柳州城坐落的椅子山,因山顶中间低平,四周较高,形如一把大圈椅而名,此山居高临下,地势险要,大有"一夫当关,万夫莫开"之势,这里山峦起伏绵延,泉水沟溪众多,自然风光秀丽。除此之外,柳州城历史悠久,文化内涵丰富,在这里保存着众多的宋城遗址、碑刻等文物古迹。从七里镇至柳州城,沿乡村盘山公路可直达山顶,沿线镶嵌着南宋(1253—1276年)通天洞石刻、西瓜碑、州城遗址。柳州城附近,还有

图2-26 柳州城

寨沟魏晋南北朝崖墓、阳鹊坝清代黄氏墓群、活龙溪洪宪元年墓等重要文物点。漫步于山村小道，寻迹于文物古迹之中，仿佛穿过时间隧道，返回到740多年前的南宋施州城。

西瓜是何时被传入中国的？柳州城的"西瓜碑"可以解答这个问题，它是唯一佐证西瓜传播引种历史的实物资料，十分珍贵。柳州城的西瓜碑是南宋咸淳庚午（1270年）刻于柳州城西郊的摩崖石刻，因此又称"南宋引种西瓜摩崖石刻"，距今已有700多年历史，是我国目前唯一一块保存完整的记载西瓜种植的农事碑刻，也是宋代治理开发施州、社会经济极大发展的重要见证（刘启振和王思明，2020）。西瓜碑，因其石刻文字记载了宋朝郡守秦姓将军到此栽桑养蚕、建果园、种莲藕并引种西瓜的事迹，且对西瓜的种类、引种时间、培植方法等进行了重点介绍，而称西瓜碑（图2-27）。西瓜碑以高6.5m、宽5.5m、厚7.4m的灰褐色巨石砂岩削面镌刻而成，刻铭框高1.49m、宽1.1m，下离地面1.85m，碑文从右至左竖刻10行，每行17字，共170字（一字已缺损）。西瓜碑历史、科研价值巨大，于1992年核定为湖北省文物保护单位，2006年正式核定为全国重点文物保护单位，是施州城址的重要内容。

柳州城的通天洞石刻也是施州城址的重要组成部分之一。通天洞是天然石灰岩大溶洞，坐东朝西，洞体形似张开的蛤蟆口，洞口呈半圆形，高约30m，宽约40m，因洞内正中顶部有一直径约2m的窍孔直通山顶，可见云天，故名"通天洞"。通天洞造型独特，犹如人工雕凿一

图2-27 西瓜碑

般。洞底部有两子洞,可供出入,洞左侧有清泉涌出,涓涓泉水长年不干。每当正午太阳当顶时,阳光穿过山洞窍孔,形成一大束光柱,直射洞内,十分壮观。洞内原有众多宋代以来碑刻诗文,但现已损坏,仅保存一块南宋宝祐元年(1253年)的石刻,约60余字,碑文记载了清江郡守王次畴偕清江县令等幕僚侍从,游览该洞的盛景。明、清时期,很多文人官员题咏该洞的诗文也记载在史籍之中。

2.3 镇守古城的五峰山

五峰山是施南四景之一,即"东有五凤朝阳"。五峰山由龙首峰、大垭口、小垭口、宝塔槽、红岩狮5座山峰组成,5座山峰贯如连珠,又称连珠山(图2-28)。它位于恩施城东边,清江东岸,山脚有潺潺清江水蜿蜒环绕,是恩施市海拔最高的山,约为1420m。五峰山原是座荒山,清代时一直作为汉军绿旗施南营的军马场;民国年间农民在五峰山垦荒种茶,荒地逐渐变为田园;抗日战争期间,中共鄂西特委在此设五峰山红岩狮;中华人民共和国成立后,五峰山成为共产党干部培训基地;20世纪50年代,五峰山人兴茶、兴菜、兴水果,使五峰山有了"花果山"的美誉;现如今,五峰山餐馆林立、车流如织,是恩施市区人民饮食消费的集散地之一。从古至今,五峰山如守城卫士般赫然矗立在恩施城的东面,镇守这座千年古城。

在巍峨绵延的五峰山巅上,建有一座宝塔,因山而得名"连珠塔"。连珠塔始建于清道光12年(1832年),距今已有180多年的历史,1983年经重点维修后,于同年12月1日正式对外开放,现被列为湖北省文物保护单位,每逢假日,游人络绎不绝。连珠塔坐东向西,为八边砖石塔,占地面积250m²,共分7层,通高34.8m。塔门为拱形大门,有精工镌刻的"七级庄严人际风云瞻气象,五峰单秀天开图画助文明"的对联;塔内第一层至第七层共有螺旋石梯129级,塔刹由7颗大锡珠重叠而成;8个塔角上各雕刻天王大力士一尊,面目狰狞,敞胸露腹,或蹲或站,双手上托,造型各不相同;塔身以大

图2-28 五峰山

青砖砌成,塔底部四围遍刻海水、莲花,隐喻佛生于莲,莲生于海的佛经故事。整个塔看起来,质朴而精致,威武而俏丽,夜晚的连珠塔更是美不胜收,它似一颗明珠屹立在恩施的东方,在每层楼的窗口,都闪烁着灿烂的光辉(图2-29)。

图2-29 连珠塔

2.4 中国最大的土家族建筑群 ——恩施土司城

恩施土司城,又称墨卫楼,是古迹与建筑类园林景观民俗风景区,坐落在恩施市西北,距州府恩施市中心1.5km,由苏州园林设计院于1998年设计,是地方民间艺人承建的土家族地区仿古土司庄园建筑群,也是全国唯一一座规模最大、工程最宏伟、风格最独特、景观最靓丽的土家族地区土司文化标志性工程。恩施土司城以恩施土家族民族风俗、土司制度为基础,高度还原了古代土司时期的建筑和布局,力图再现土家族地区土司时期的政治、经济、文化和原汁原味的土家民俗,现已建成国家AAAA级旅游景区(图2-30)。

土家族历史悠久,为远古巴人的后裔。巴人早年生活在江汉平原一带,后楚人强大,巴楚相争,巴人失败。巴人退入现在叫清江(古称为夷水)的一带,沿夷水西进,势力达到川东地区。在春秋时期建立了巴人第一个奴隶制诸侯国巴子国,公元前361年被强大的秦国所灭,部分巴人则退居到湘鄂川黔山水毗连的武陵地区,并与当地的一些部族相融合,形成土家族。土家族自称毕兹卡或贝京卡。宋代时则称这一带生活的巴人为"土人",以后"土人"称外来汉人为客家,称自己为"土家"。

图2-30 恩施土司城全景

土司制度是历史上中央封建王朝在少数民族地区设立的实行归属中央、权力自治的一种地方政权组织形式和制度。土家族地区的土司制度，则起于元代止于清朝雍正年间的改土归流，历经元、明、清三朝，前后约450年。土司与中央封建王朝的关系，就是土司对中央封建王朝纳贡称臣，中央王朝对土司实行册封，准予自治，而土司王实际就是一个地方的土皇帝。

恩施土司城占地面积约300亩，内有门楼、侗族风雨桥、廪君祠、校场、土家族民居、土司王宫——九进堂、城墙、钟楼、鼓楼、百花园、白虎雕像、卧虎铁桥、听涛茶楼、民族艺苑等多个景点。

走进恩施土司城，迎面便是赫然高耸、庄重华丽的土司城门楼，门楼高25m、宽12m，是栋纯粹榫卯结构的木楼，高大壮观，结构精良，布局精巧合理；门楼前的左右两边分别矗立着"天王送子"的雕像；右侧墙上绘有3幅风格独特的壁画；整个土司城门楼都彰显着土司威仪和土家族的民族文化（图2-31）。

进入土司城后，可见一座仿古风雨桥，两座桥亭耸立于桥廊之上，飞檐翘角，画栋雕梁，十分精致美观。风雨桥桥廊两边专门设有栏杆和长坐板，以供肩挑背驮的商旅行人歇气纳凉、遮阴避雨，因而称"风

图2-31　恩施土司城城门楼

雨桥",是游人歇息、休闲纳凉、聊天的绝好地方(图2-32)。

行至游船码头对面山上,可以看到土家族十分崇尚的先祖廪君庙。廪君是巴人先祖领袖,他带着族人开疆拓土,来到恩施这个地方,觉得这里水土肥沃,风水上佳,于是在这里建立了巴国。传说后来他坐化升天,变成了白虎,巴人为了缅怀他的丰功伟绩,就建了这座廪君庙,奉他为生命之神。廪君庙为三层三进重檐廊柱式建筑,坐西朝东,雄峙山腰,巍峨气势。紧傍庙宇,沿山壁绘有巨大长卷壁画,壁画记载了廪君一生的豪情壮举,谓之"廪君开疆拓土胜迹图"(图2-33)。

土司城内建有一座典型的土家族民居建筑——吊脚楼。吊脚楼是土家族具有代表性的传统民居,一般依山傍水而建,成群落分布,错落有致,雄伟壮观,既有双吊形成的对称美,也有与周围环境形成的和谐美,堪称土家族建筑、雕刻艺术的杰出代表。土家人喜在吊脚楼房前屋后种植果木与竹林,在绿树掩映中,一楼挑出,凸现出"小桥流水人家"的优美(图2-34)。

继续深入土司城内部,可看到整个土司城的核心部分——王府九进堂。九进堂实际上是一座地道的土司皇城,从第一进至第九进包括了门楼、天井、戏楼、议事厅、摆手堂等功能各异、雄伟气派的各类土司建筑。九进堂由333根柱子、333个石柱础(恩施

图2-32 土司城风雨桥

图2-33 土司城廪君庙

图2-34 土家吊脚楼

也称"磉墩")、330道门、90余个窗、数千个雕花木窗、上千根檩子、上万根椽木组合而成。进深99.99m、宽33m,总建筑面积3999m²,是目前国内罕见的纯榫卯相接的木结构建筑。举目望去,亭台楼角,层檐飞爪,高低上下,错落有致,十分雄奇,气势巍峨,富丽堂皇(图2-35)。

图2-35 九进堂

从九进堂出来,抬头远望,可见山上如长城般的土司城城墙,包含城墙、钟楼、鼓楼、白虎雕像和卧虎桥等景点。土司城墙全长2320m、宽1.2m,依山取势修造,逶迤延绵,雄伟壮观。土司时期,各土司间相互攻城掠寨的战争不断发生,修筑城墙进行防守便成了重要防护手段;土家人还在城墙上广设烽火台,实行狼烟报警,土司兵丁闻讯集聚,抵御来犯之敌。游土司城墙,观烽火台,难免让人"发怀古之幽思"(图2-36)。

图2-36 土司城城墙

土司城内还专设了体现土家族民族文化风俗的艺术展馆区——民族艺苑。民族艺苑由4栋青砖青瓦的仿民居建筑构成,占地面积约15亩,内设有著名的"土家织锦——西兰卡普专馆"。西兰卡普土家族语为土花被盖,它与壮锦、苗锦并称为中国三大织锦。唐宋时期称西兰卡普为峒锦,元明清时期称为土锦。从宋代开始,西兰卡普就成为土司向中央封建王朝进贡的贡品(图2-37)。

图2-37 西兰卡普

2.5 红色遗产教育地

"天地英雄气,千秋尚凛然",恩施作为革命老区,有着光荣的革命传统,这里曾是湘鄂西革命根据地、湘鄂川黔革命根据地的重要组成部分。如今,恩施仍保留着很多革命战争的遗迹、红色革命旧址等,是缅怀革命先烈、传承红色基因的典型红色教育基地。红色资源是鲜活的历史,市内有叶挺将军囚居纪念馆、中共鄂西特委旧址、何功伟、刘惠馨烈士陵园等红色革命遗址遗迹,这些革命遗址在传承弘扬红色文化、延续红色血脉中发挥了独特而重要的作用,是当下应该坚守和承继的珍贵"红色遗产"。

叶挺将军囚居纪念馆位于恩施市叶挺路112号,背靠梁子山,面临西门河,是在叶挺将军囚居旧址处按原样修复而成的,并增建了纪念馆,占地总面积175m^2,建筑面积330m^2,是湖北省文物保护单位、湖北省国防教育基地和湖北省"十佳"爱国主义教育示范基地。在抗日战争时期,恩施是国民党湖北省政府和第六战区司令长官部驻地。1942年12月底至1943年8月,以及1943年12月至1945年8月,新四军军长叶挺先后两次被蒋介石秘密囚禁于此,历时两年多,是叶挺将军被囚禁时间最长的地方。叶挺囚居旧址在恩施市老城西门外高井河西岸,背靠红色砂山,面对小河与城墙,与外界隔绝,其地形极易看守。旧址房屋是土木结构民居,中为木构架,围以土墙,正屋3间,东厢房2间,建筑面积约180m^2。在囚居期间,叶挺将军与国民党反动派进行了坚决斗争,丝毫未被陈诚等人的"转化""诱导"所动摇。同时,叶挺将军通过开荒种地,饲养家畜,培植茶园,改善自己的生活,并经常接济附近的穷苦百姓。当人们获知他就是战功显赫的新四军军长叶挺时,都深感惊愕,更加钦佩敬重他了,而且都喜欢和他聊天,交心谈心,听他讲抗日故事。如今,在叶挺将军纪念馆的展厅里,不仅陈列着叶挺将军当年开荒种地使用的挖锄、薅锄、镰刀等农具,还展设有将军手捧雏鸡与农民交心谈心的照片。如今,每逢重大节假日和纪念日,市区内的许多机关、团体、学校都来到这里,举行入队、入团、入党及新兵入伍等重要仪式(图2-38)。

中共鄂西特委旧址位于五峰山村红岩组,建筑面积约230m²,为明五暗七的"撮箕口"土木结构民房(图2-39)。该旧址对面的一壁红色砂岩——"红岩狮",是特委机关的重要标志,被誉为"一面永不收卷的红旗",2004年8月,恩施市人民政府将其确定为市级文物保护单位。1940年8月,中共中央南方局书记周恩来派局党委委员钱瑛来到五峰山岩狮,召开湘鄂西区党委扩大会议,并宣布成立鄂西特委。中共鄂西特委是当时湖北省领导机关,由中共中央南方局直接领导。中共鄂西特委领导地下党员和抗日爱国人士、广大工农青妇学等群众,

图2-38 叶挺将军囚居纪念馆

图2-39 中共鄂西特委旧址

进行了3年多艰苦卓绝的斗争。1941年1月20日,因为遭到国民党及各种反动势力的大肆搜捕、绑架、监禁和暗杀,中共鄂西特委被破坏。2003年5月,开始对中共鄂西特委旧址进行修复。

何功伟、刘惠馨烈士陵园建在恩施市小渡船办事处方家坝村,是中共鄂西特委书记何功伟、妇女部长刘惠馨二烈士囚禁就义的革命纪念地。在1941年1月20日的国民党反动势力大肆屠杀、逮捕、迫害共产党人士的反革命行动中,中共鄂西特委书记何功伟、妇女部长刘惠馨不幸被捕,先后囚禁在方家坝杨家老屋、大梨树等处达8个月之久。1941年11月18日,何功伟、刘慧馨同志在方家坝五道涧和大田垭口壮烈牺牲,为党和人民献出了他们年轻的生命。他们坚信共产主义真理,宁死不屈,拒不投降,显示了共产党员的崇高革命气节和坚强意志。他们就义牺牲的方家坝村成为全市人民进行革命传统教育的主要场所,1994年该处被恩施土家族苗族自治州人民政府列为第二批文物保护单位。为了进一步做好革命纪念地的建设,恩施市将方家坝原何功伟烈士囚禁处按原样修复,恢复原拆除的两间房屋、院落、槽门,新建围墙;修通何功伟、刘惠馨二烈士就义处的道路;在杨家老屋举办烈士生平事迹图片陈列展览,完善美化周边环境。2002年,何功伟、刘惠馨二烈士遗体从五峰山迁至方家坝,建立了烈士陵园(图2-40)。

图2-40 何功伟、刘惠馨烈士陵园

2.6　古城新貌迎四方

恩施作为千年古城,历史文化底蕴深厚,但地处偏远地方,底子比较薄,境内山多,交通不便,一度阻碍了古城的发展。随着交通改善、社会经济发展、现代化步伐的加快,恩施历经几十年的风雨兼程、沧桑巨变,可用龙腾虎跃来形容恩施古城的发展变化,恩施市成为近些年来湖北省发展最快的城市之一。恩施市依靠丰富的旅游资源和厚重的历史文化,旅游业发展迅速,2019年恩施接待的游客超过了7000万人次,旅游总收入达530.45亿元,仅次于武汉、宜昌和十堰,恩施市也成功上榜2021中国县域旅游综合竞争力百强县市,是中国优秀旅游城市和首批国家全域旅游示范区。恩施土家女儿城集中体现了恩施古城与现代社会发展的融合、旅游与民族文化的融合,是恩施古城新发展的集中表现。

世间男子不二心,天下女儿第一城! 中国恩施土家女儿城,位于湖北省恩施市区七里坪,以恩施土家女儿会文脉为背景,延续和传承了"土家女儿会"这一土家族独有的文化符号,是全国土家族文化集聚地,是一座独特的文化旅游商业古镇,是恩施州的文化名片之一,以多元、包容、开放的理念,通过创新发展,实现文化、旅游、商业深度融合,传承和弘扬特色土家族民族文化,是武陵地区城市娱乐消费中心和旅游集散地,也是中国的相亲之都。恩施土家女儿城2014年被认定为国家AAAA级旅游景区,2016年入选"湖北旅游名街",2021年11月,入选第一批国家级夜间文化和旅游消费集聚区(图2-41)。

恩施土家女儿城是全国第八个人造古镇,虽然是仿建古镇,但处处充满了浓郁的土家民俗风情。女儿城建筑风格极具特色,仿古与土家吊脚楼相结合,楼檐上悬挂着红色灯笼,随风摆动,像盛装的女子,在翩翩起舞。整个古镇依山而建,街道顺水流而设,铺以灰色角砾岩,整体布局为南北方向,通透性强,采光好,各街区相互贯通,交通便利。女儿城内集聚了恩施土家族特色的民族风俗,具有代表性的有土家女儿会、土家族哭嫁、摆手舞、摔碗酒、土

❷ 丹霞地貌环绕的历史文化名城——恩施

图2-41 恩施土家女儿城

家十大碗等特色民风民俗,是土家族民族文化的集中表现。

土家女儿会,是男女青年谈情说爱的场所,被誉为"东方情人节",是恩施州土家族具有代表性的区域性民族传统节日之一,是一种独特而新奇的节俗文化(图2-42)。一般每年的农历7月7日至12日,是传统的"女儿会"吉日,"女儿会"都会在恩施女儿城举办。相传"女儿会"源于明朝末年,距今已有400多年历史,"女儿会"保留着古代巴人原始婚俗的遗风,是偏僻的土家山寨中与封建包办婚姻相对立的一种恋爱方式,是恩施土家族青年在追求自由婚姻的过程中,自发形成的以集体择偶为主要目的的节日盛会。届时,青年女子身着节日盛装,把自己最漂亮的衣服穿上,佩戴上自己最好的金银首饰,通过对歌的形式寻找意中人或与旧情人约会,畅诉衷情。通过喜庆繁华的"女儿会",能让人感受远古巴人真、善、美的"脉搏与灵魂",看到土家人追求幸福、积极向上的民族精神。

"土家族哭嫁"是指土家族女儿出嫁时一定要会哭,称为哭嫁,是一种民族特色婚俗。新娘通过哭嫁,

图2-42 土家女儿会

以表感激父母养育之恩和对亲友难舍难分之情,具有孝、义的伦理价值,同时还体现了新娘不愿离开父母家人的恋家心理。土家族的姑娘从十二三岁的时候就要开始学习哭嫁,只有哭得动听、哭得感人的姑娘才会被称为聪明伶俐的好媳妇。哭嫁有专门的"哭嫁歌",是一门传统技艺(图2-43)。

土家族摆手舞,是恩施土家族

图2-43 哭嫁

❷ 丹霞地貌环绕的历史文化名城——恩施

的传统舞蹈，历史悠久，2008年6月7日，被批准列入第二批国家级非物质文化遗产名录。恩施摆手舞源于五代时期，是土家人尊敬祖先、热爱自己的领袖人物、感念祖先功绩、祭祀祖先的一种古老的传统舞蹈。恩施摆手舞以狩猎、农事、军事和社会生活为主要表现内容，表演中歌、乐、舞浑然一体，间有锣鼓伴奏和摆手歌穿唱，舞蹈动作粗犷健美，摆姿流畅自如、稳健大方，集舞蹈艺术与体育健身于一体，有"东方迪斯科"之称。恩施摆手舞是土家人世代传承的精神财富，每逢重大节日，人们听到摆手堂内锣声响起，男女老少就会身着盛装从四面八方齐聚到摆手堂跳舞庆祝（图2-44）。

摔碗酒，是土家族特色民族风俗之一，是古代土家族儿女上战场前的壮行酒。关于摔碗酒的起源，有一个流传甚广的民间传说。据说，古时巴国发生战乱，巴蔓子以三座城池为代价，寻求楚国帮助，内乱平息之后，巴蔓子为了保全国家完整，于是痛饮一碗酒，将碗摔碎，拔剑自刎。巴蔓子以头留城，重了信誉，保了国土，这忠信两全的故事，后来也成为巴渝大地传颂千古的英雄壮歌。现在的摔碗酒，是表达情意的一种形式，双手捧碗，以示尊敬，一饮而下，代表了人们祈求生活幸福平安的愿望。在恩施，摔碗酒还有一个很贴切的名字"biang当酒"，饮完酒之后，biang的一下，把酒碗摔碎，四分五裂，摔得越碎，彩头也越好（图2-45）。

图2-44 摆手舞

图2-45 摔碗酒

土家十大碗,是土家族节庆或办酒席时惯用的一种菜式,已经流传几百年了。土家人生性好客,同时又爱面子,但由于以往生活贫困,无力安排好足量的菜肴,又想使餐桌上菜品的数量多,面子足,因此一般每桌都安排十碗菜,荤菜下面用素菜垫底,久而久之就形成了当地举办红白喜事时的固定菜式,称为"土家十大碗"。十大碗配料精细,营养丰富,口味纯正,它们不仅在色、香、味上有独到之处,且每碗素菜垫底,荤菜盖面,一菜两味、油而不腻(图2-46)。

图2-46　土家十大碗

3 震撼世界的套叠型峡谷
——恩施大峡谷

3.1 什么是套叠型峡谷？

清江上游干流左岸支流溯源侵蚀强烈，以云龙河为代表的水系群深切、剥蚀古老的清江流域一级岩溶台面，形成规模巨大、形态复杂的套叠型峡谷地貌，俗称恩施大峡谷（图3-1、图3-2）。恩施套叠型大峡谷的特点是：上部两侧为三叠系厚层白云岩-白云质灰岩组成的高大绝壁所构成的宽谷，中间为二叠系碎屑岩顶板组成的斜坡（很多为古滑坡面），下部为逼仄的云龙河地缝式峡谷（嶂谷）。反映了清江地区新构造运动抬升之剧烈和多期性，以及主干水系切割、改造地表之深刻。

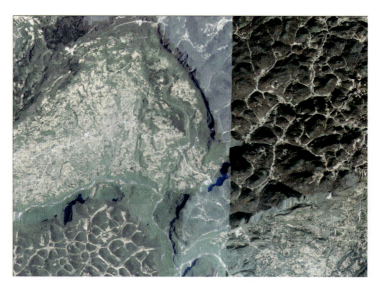

图3-1 套叠型峡谷遥感影像图

3 震撼世界的套叠型峡谷
——恩施大峡谷

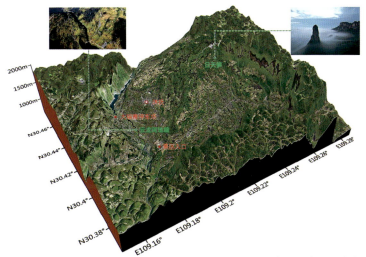

图3-2 套叠型峡谷三维地貌图

3.2 嶙峋挺拔的七星寨石柱林

>>> 3.2.1 绝世佳景大峡谷

万米绝壁画廊、千丈飞瀑流芳、百座独峰矗立、十里深壑幽绝，这一幅绝美、雄奇的图画，名字叫作"恩施大峡谷"。恩施大峡谷位于恩施市屯堡乡和板桥镇境内，地处湘、渝、鄂三省交界处，是清江流域最壮丽的峡谷段。峡谷全长108km，面积达300km²。恩施大峡谷景区先后被评为国家AAAAA级旅游景区、国家地质公园，是灵秀湖北的十大旅游名片之一。

华中科技大学著名的建筑与旅游专家张良皋教授实地考察对比后认为，恩施大峡谷是世界上最美丽的大峡谷。论壮观，恩施大峡谷与美国的科罗拉多大峡谷难分伯仲；若论风景之秀美、景观之丰富、层次之多样，恩施大峡谷的沐抚段则不输于科罗拉多大峡谷。

"八百里清江,每一寸都是风景。极具开发价值的恩施大峡谷如不向世界推介,绝对是一大遗憾。"张良皋说,这里的峡谷山峰险峻,山头高昂,有仰天长啸之浩气;谷底的清江水质清幽,令人有脱胎换骨之感受。沐抚前山大、小楼门6km²的范围内就有相对高差200m以上的独立山峰30余座。静水清江、虹桥卧波、青山倒影,让人产生海市蜃楼的幻觉(图3-3~图3-5)。

图3-3 大楼门石柱林

图3-4 绝壁石柱

图3-5 峰丛峰林

>>> 3.2.2 石柱林立七星寨

七星寨石柱林为恩施大峡谷主要景区，海拔1618m，七星寨石柱林面积3km²，初步统计共有62座石灰岩石峰、石柱，石柱高20~285m，直径7~195m，直径与高的比值小于1，拔地而起，丛列似林，密集广布，规模大，观赏性之高强冠全国，全球罕见（图3-6），被称为世界神奇地理奇观之一，属世界级地质遗迹。石柱林（石柱式峰林）主要分布在海拔1500~1700m的沐抚前山的东侧面（乐安村），即大、中、小龙门一带，面积约为3km²。总体形态类似于张家界武陵源石英砂岩峰林，但其组成岩石为石灰岩。放眼望去，数十座石灰岩石峰石柱，嶙峋挺拔，密集广布，形成浩瀚的石柱式峰林。三叠系嘉陵江组灰岩（图3-7）厚度由几十厘米至1m不等，岩层产状十分平缓，近水平，好像一块块岩石堆叠成的千层状石柱。由于石质较硬，柱身垂直挺拔，岩层厚且产状（倾向及倾角）平缓，各个岩层之间不易沿层面滑动，可以支撑高达百米的石柱而不会倾倒或顶部滑落（图3-8）。

图3-6　七星寨石柱林

图3-7　三叠系嘉陵江组灰岩

图3-8　水平层理与石柱林

3.2.3 一柱擎天大楼门

大楼门石柱林景观发育于清江流域最高一级岩溶台面边缘的恩施大楼门岩溶石柱林(图3-9)，为清江流域分布面积最广、平均高度最大的石柱林地貌，大门楼峭壁悬绝的石柱接天连地，特征典型，其中一炷香(图3-10)、玉笔峰(图3-11)等单体石柱高度超过150m，平均直径变化很小，体现出在极苛刻条件下保存完好、世界罕见的岩溶石柱，揭示了地壳快速抬升条件下的稳定岩溶台原边部岩溶-重力崩塌综合成景作用机制，也是清江上游深切水系快速离解鄂西南山原过程的生动证明。

世界著名岩溶地貌学家巴拉斯在考察恩施大峡谷后，通过将恩施大峡谷石柱林与世界其他地方的石柱对比研究，得出结论：恩施大峡谷石柱式峰林，是恩施地区独有的喀斯特地貌类型。

图3-9 大楼门石柱林景观

图3-10 一炷香(左图为李江风摄,右图为恩旅产业集团供稿)

图3-11 玉笔峰、玉女峰、玉屏山

3.2.4 鬼斧神工象形石

在恩施大峡谷的七星寨——大小楼门的绝壁上,除了绝世罕见的绝壁石柱林外,还有许多象形石,如高高托起的悬棺石(图3-12),构造裂隙、风化剥蚀、溶蚀造就的一线天(图3-13),临空挂壁的绝壁长廊(图3-14),状若火炬的祥云火炬(图3-15),状若母子的母子情深(图3-16),造型百变的石芽迷宫(图3-17)等。

图3-12 悬棺石

图3-13 一线天

奇妙地质之旅
穿越恩施大峡谷-腾龙洞

图3-14 绝壁长廊

图3-15 祥云火炬

图3-16 母子情深

3 震撼世界的套叠型峡谷
——恩施大峡谷

图3-17 石芽迷宫

3.3 沐抚大斜坡泄露的地质天机

3.3.1 国际地学界关注的地质分界线——P—T界线

恩施大峡谷主要沿南北向的云龙河展布,主要表现为右岸高耸的大楼门、七星寨绝壁陡崖,左岸为沐抚大斜坡。右岸高耸的绝壁陡崖为三叠纪白云质灰岩、灰岩,左岸沐抚大斜坡则为二叠纪顶部薄层碎屑岩及含煤地层,大斜坡的后部,亦为残留的三叠纪灰岩陡崖。这里是晚古生代和中生代地层的分界线,即:二叠纪—三叠纪(P—T)的分界线所在地。

二叠纪—三叠纪(P—T)之交发生了许多重要的地质事件,包括"Pangea"大陆的解体、大火成岩省的喷发、晚古生代大冰期的消逝、极端高温事件、两次生物大灭绝以及迟缓的生物复苏等。其中,牙形石作为该时期主要的标准化石,是进行地层对比以及生物与环境协同演化研究的重要手段。近些年,此阶段牙形石的相关研究取得了许多重要进展,这些新的材料和技术手段上的突破,为我们进行高精度的地层对比,定量重建该时期地球的生物及环境演变起到了关键作用(吴奎等,2021)。

二叠纪—三叠纪(P—T)之交发生了显生宙以来最大的一次地球生物灭绝事件。大灾难之后,大约经历近1000万年才完成复苏,生态系统从底层至顶层逐步重建,产生了古生代型生态系结构向中生代型生态系结构的转变。为了揭示大绝灭之后生物准确的复苏时间和速率,控制早三叠世地层的高分辨率时间尺度显得尤为重要。在P—T之交集群灭绝事件中,牙形石没有发生科级和属级的灭绝事件,使得其在二叠系—三叠系地层界线的研究中发挥了关键性作用。高精度的牙形石生物地层研究及其化石带的建立能够给古生代—中生代大灭绝事件及其后生物的复苏过程提供精确的时间框架,为实现在不同的海洋沉积环境之间进行地层的划分和对比发挥重要作用。

区域内牙形石化石较为完整,并且跨越了P—T界线,在此建立的华南地区早—中三叠世标准牙形石生物带和高分辨率生物–年代地层格架,成为《国际地质年代表》采用的标准生物带(图3-18)。

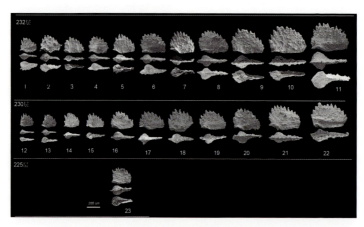

图3-18　建始剖面产出层位牙形石组合面貌(据吕政艺,2018)

>>> 3.3.2　沐抚大斜坡下的煤矿遗址

恩施及区域上的二叠纪地层,是重要的含煤地层。煤矿主要赋存于上二叠统吴家坪组一段(含煤段),分布广。恩施全市已发现煤矿产地26处,探明煤矿点6处。煤体呈层状、似层状、藕节状、透镜体状展布。水文地质条件简单到复杂,宜平峒、斜井开采。正在开采的主要是太阳乡、沙地乡、红土乡煤矿资源。

恩施大峡谷的沐抚煤矿矿业遗址位于沐抚大斜坡上。沐抚煤矿为民营股份制企业,设计开采为6万t/a。所采煤炭产于上二叠统吴家坪组中,可采煤层数1层,顶板为灰黑色含硅质结核碳质泥岩,底板为黑色碳质泥岩、泥岩、鲕状泥岩、灰白色泥岩,煤层为似层状,总厚度0.81m,倾角2.9°~10.8°,最大垂深525m。开采时,矿井采用阶梯平硐开拓,中央边界式机械抽出通风,平硐自流排水。因受去产能政策的影响,沐抚煤矿目前已关闭,原厂区现保留有采矿平硐、生活用房等设施。

>>> 3.3.3 名副其实的"世界硒都"

二叠纪顶部地层,也是重要的富硒地层。恩施区域内富硒土壤、富硒山泉水、富硒动植物资源聚集形成了天然富硒生物圈,均与二叠纪富硒地层有关。在这里生长的植物、动物、微生物等,硒含量明显高于世界上其他地区的同类物种。

中国科学院地理科学与资源研究所于2009年对区域内富硒岩层和土壤、农作物展开调查,证实恩施境内出露的二叠纪十余米厚的含硒石煤(含硒碳质页岩)出露是造成其岩层分布区内土壤、地下水和地表水以及农作物中富集硒的主要因素。区域内含硒石煤(含硒碳质页岩)出露区的下游就是适宜耕种的农田,形成天然生物硒资源。恩施境内大量出露的含硒石煤经风化、雨淋、水迁徙进入土壤和水体,致使这些区域的土壤平均硒含量和面积,以及粮食作物、饲草饲料、畜禽产品、中草药及山泉水中硒含量是国内其他地区的十几倍至几十倍,形成独特的天然富硒生物圈。

专家研究发现,硒是人体最重要的微量元素之一,已被证明具有防癌抗癌与延缓衰老的功效,长寿地区土壤中大都富含硒元素,天然富硒食品是难得的营养和保健佳品。恩施独特的天然富硒生物圈范围内的生物硒资源、华中药库资源、天然氧吧、绿色生态环境等都是开发健康养生(养老)产业的理想之地,更是重庆、武汉两个"火炉"之间的避暑养生福地。

恩施作为"世界硒都",也是世界上唯一有独立硒矿床的地区。恩施地区及公园区域内的硒矿蕴藏量大,土壤中硒含量高,其中,恩施市土壤硒元素含量平均值最高,达0.70mg/kg,是全国土壤硒背景值0.207mg/kg的3倍多,公园内富硒茶

"利川红""恩施玉露"成为国宴饮品（图3-19），区域富硒绿色食品、药品（图3-20～图3-22）的生产和开发，为人类的健康长寿带来福音。

图3-19　富硒茶叶

图3-20　富硒土豆

图3-21　富硒山药

图3-22　富硒鸡蛋

>>> 3.3.4　体量巨大的沐抚古滑坡

沐抚滑坡体主要位于恩施沐抚镇沐抚村，地貌上处于鄂西第三级岩溶台面上，云龙河东侧，滑坡体底部地层为下三叠统大冶组（T_1d）灰色中厚层灰岩，总体呈"舌状"展布（图3-23、图3-24）。沐抚滑坡体包括沐抚—营上—堰塘—高台—木

❸ 震撼世界的套叠型峡谷
——恩施大峡谷

图3-23　沐抚古滑坡全貌

图3-24　滑坡体边缘

贡一带,出露面积约25km², 主要地质灾害为滑坡、膨胀土引起的地面变形,该区共有滑坡点10个,总面积182.55万 m²,总体积1 326.37万 m³,已建成省级地质灾害景观监测站。滑坡规模以大型为主,滑坡活动特征为蠕动变形,前缘与冲沟两侧局部有小型滑坡产生(图3-25),起牵引作用,整体为蠕动因素造成滑坡(张懿等,2020)。沐抚滑坡紧邻恩施大峡谷AAAAA级旅游景区——云龙地缝园区,对人类生产生活影响较大,近年来已对其进行了持续的监测,其活动性和危害性具有重要的科学研究价值。沐抚滑坡在物质结构上,均表现出很好的垂向分层性和平面分带性,滑坡形态特征典型、易于识别,是恩施大峡谷附近滑坡地质灾害的主要代表之一,具有较高的科普价值。

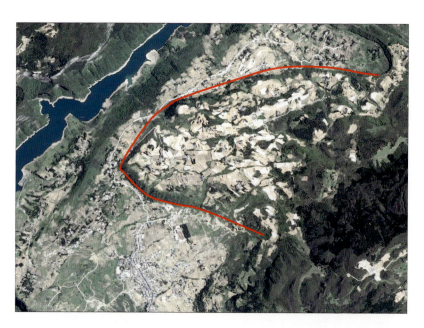

图3-25 滑坡体遥感影像图

3.4 伸向地壳深部的裂痕——云龙河地缝

>>> 3.4.1 云龙河地缝

云龙河地缝位于恩施大峡谷东部,有"十里百丈绝壁"之称。平面上呈"之"字形,总体受近南北向张裂隙控制,全长7.5km,平均深达75m,最窄的地方只有12m,最宽的地方有150m,目前开放的地段只有1.6km,是云龙地缝主体观光区(图3-26、图3-27)。

地缝现在已经是地学界接受的一个喀斯特地貌术语,它是指非常狭窄且有相当深度与长度的峡谷或流水沟谷,也称为嶂谷。形态上表现为地壳表面的一条深切天然岩缝。由于其形成、保存十分困难,地缝也就成了喀斯特地貌中的一个奇葩。一般的地缝是下面窄,上面宽,有的是上面窄,下面宽,而像云龙河

图3-26 云龙河地缝

图3-27 云龙河地缝俯瞰图

地缝上下垂直、断面呈"U"字形的地缝极为罕见,所以它具有稀缺性、独特性的特点(图3-28)。云龙河地缝自谷底向上至谷坡、谷顶,主要出露二叠纪碎屑岩、碳酸盐岩和三叠纪碳酸盐岩。地缝的形成最早始于喜马拉雅运动(距今30~2Ma),由于地壳运动使得鄂西山地抬升,区域地层发生变形并伴生剪切破裂,产生了大量的陡倾或直立的X型共轭节理裂隙,随着变形作用加强就形成了追踪张开裂隙,并不断被加深拓宽。后期的风化、冲蚀、坍塌等外力地质作用使得追踪张开裂隙处于谷底地带,成为早期的云龙河伏流段,且以暗河形式沉睡地下二三千万年,后因水流在地下强烈淘蚀,在地表不断淘蚀,致使暗河顶部坍塌(图3-29),地缝才得以面世,构成恩施大峡谷一大奇观。

地缝号称十里长峡,实际只有3.6km。地缝形成的方向与当初山体的裂缝有关,大部分是"之"字形,因此河流一般也形成"之"字形(图3-30)。云龙河地缝由挤压作用导致裂隙发育,形成河流,总体接近南北向断裂。

❸ 震撼世界的套叠型峡谷
——恩施大峡谷

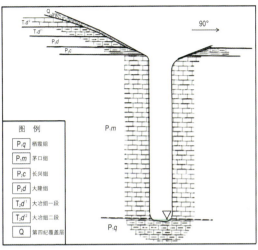

图3-28 云龙河地缝剖面示意图(据苏潇,2010)

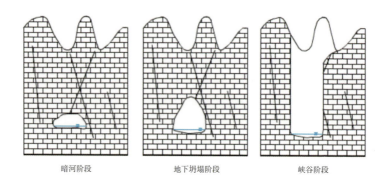

暗河阶段　　　　　地下坍塌阶段　　　　　峡谷阶段

图3-29　云龙峡谷演化模式图（据苏潇，2010）

图3-30　云龙峡谷"之"字形态

地缝岩壁节理分明,在剪切作用下,表面平整,而崩塌体多呈规则的立方体(图3-31)。云龙河地缝顶部岩层为二叠纪晚期薄层灰岩夹泥岩(图3-32),地缝的下部岩层主要为二叠纪硅质条带灰岩(图3-33)或硅质团块灰岩。

图3-31 云龙河崩塌体

图3-32 薄层灰岩夹泥岩

图3-33 硅质条带灰岩

小知识 硅质岩的成因

硅质岩的主要成分为二氧化硅(SiO_2),其形成有多种原因,一是陆源风化后的二氧化硅被带到海洋沉积,二是硅质生物的二氧化硅沉积,三是火山作用产生的二氧化硅(图3-34)。二叠纪是地球上火山大爆发的时期,大量喷出的硅质物沉入海底,经化学沉积,形成硅质岩、硅质条带灰岩、硅质团块灰岩。经研究,硅质条带多形成深水平缓地段,硅质团块多形成浅水斜坡地段(图3-35)。

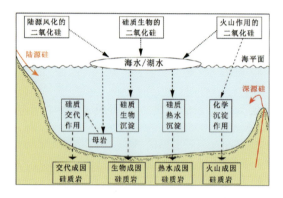

图3-34 硅质岩中不同硅质来源及成因类型

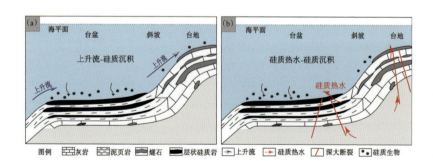

图3-35 二叠纪硅质岩两种成因模式
(a).上升流模式;(b).热水沉积模式

3.4.2 地缝飞瀑

1) 沐抚飞瀑

沐抚飞瀑为云龙地缝中最大的瀑布。该瀑布的形成，是因三叠纪灰岩中裂隙水在下渗的过程中被二叠纪煤系地层阻隔，沿崖壁溢出成瀑。该瀑供水丰沛，汇水面积大，颇为壮观（图3-36）。

云龙地缝中所有的瀑布都分布在峭壁的一边，是因为没有瀑布分布的峭壁，其地层为含煤系的二叠纪地层，阻挡了水的渗透（隔水层）；有瀑布分布的一边，岩石裂隙可以渗透水，在冬天可以形成冰瀑。

2) 云龙瀑布

云龙瀑布，为地缝大瀑布中的第二大瀑布。其水源来自沐抚集镇以及远的地表溪流，地面上有两条大沟与两条小沟溪流均汇集至此，常年水流不断，落差70余米（图3-37）。瀑布顶部水流直下，冲击地缝岩壁上凸出的岩石后转而直泻。因长期溶蚀-沉淀作用，凸出的岩石表面就形成了一块巨型钙华体，仿佛将

图3-36 沐抚飞瀑

图3-37 云龙瀑布

两段不同瀑布对接在一起,视觉上形成了二次跌水现象,每到雨季,水量增大,非常壮观。

3）黄龙瀑布

黄龙瀑布是地缝大瀑布之一,落差60余米。瀑水顺一似钟状的橙红色钙华体飞流直下,故名(图3-38)。由于二叠纪煤层中含有的黄铁矿(FeS_2)在地表条件下极易氧化和水化成铁的氧化物或氢氧化物,此瀑布上游溪水刚好源自或历经二叠纪煤层,瀑布水体中就富含三价铁,所以由此瀑布中钙质沉淀形成的钙华体因含铁而呈橙红色,加之瀑布长期冲刷,谷底滚石就因铁染而变成了橙红色,故得名黄龙瀑布。在阳光照射下,瀑水飞溅,彩虹显现,加之铁染谷底,岩石色彩缤纷、十分瑰丽迷幻。

若从廊桥观瀑底,钙华体酷似一只昂首"金龟",在享受清瀑沐浴,故此景又称金龟戏瀑。

❸ 震撼世界的套叠型峡谷
——恩施大峡谷

图3-38 黄龙瀑布

4)彩虹瀑布

彩虹瀑布的水源来自沐抚集镇的地表小沟溪流,水质清澈,常年水流不断。瀑布顶部水流直击地缝岩壁上凸出的心状钙华体后直泻谷底。

此处崖壁上悬挂的、形如刚出土的灰黑色3块巨型"远古编钟"(图3-39),庄重、浑厚,为瀑布中钙质经上万年或几十万年沉淀形成的喀斯特钟乳石或钙华体,比真实的出土编钟年代更为悠久。而飞流直下的水束击打"编钟",似在大峡谷奏响一曲"地缝怀古",余音袅袅。

图3-39 彩虹瀑布

3.5 溯源侵蚀的痕迹
——鹿苑坪玄鹿地缝(嶂谷)

>>> 3.5.1 鹿苑坪峡谷

恩施板桥鹿苑坪峡谷整体位于第二级和第一级岩溶台面上、恩施大峡谷沐抚段上游,平均海拔约1700m,从山上桥湾垭口到谷底桥湾,垂直落差有500多米。峡谷中有两条河流,一条是刘廖河,另一条是中间河,鹿苑坪即位于中间河流域的一块台地上。峡谷总体为南西向,外部为宽谷,内部有切割极深的嶂谷和隘谷(玄鹿地缝)。因受侵蚀和溶蚀作用影响,在水平岩层分布区,沿节理形成一系列悬崖陡壁和形态奇特的山峰,十分壮观。峡谷内水体景观十分发育,沿线分布有众多瀑布和水潭,高崖飞瀑,溅玉飞雪,令人流连忘返(图3-40～图3-42)。

图3-40 鹿苑坪峡谷绝壁景

3 震撼世界的套叠型峡谷
——恩施大峡谷

图3-41 鹿苑坪玄鹿地缝

图3-42 玄鹿地缝底部及地缝崩塌体景观

▶▶▶ 3.5.2 玄鹿飞瀑

玄鹿飞瀑位于恩施板桥鹿苑坪景区。该瀑布由鹿苑坪大峡谷上部汇入玄鹿地缝,瀑布高达40余米,沿着一环形岩溶崖壁(图3-43),倾泻而下,该环形崖壁是由一岩溶竖井经后期坍塌而成,崖壁的围岩是二叠系茅口组(P_2m)硅质条带灰岩。

图3-43 玄鹿飞瀑

3.6 鄂西山地抬升的见证
——板桥地下河

>>> **3.6.1 恩施板桥地下河岩溶洞穴系统**

板桥地下河,又称龙桥暗河,位于恩施最北部、清江—长江分水岭核部的板桥地区,发育在下三叠统中的龙桥-天水地下河系统中(图3-44)。龙桥暗河是我国目前已探明、流域面积大于1000km²的少数超大型地下河系统之一,总长度约50km,是世界上最长的暗河。龙桥暗河从重庆的奉节开始,从北往南,一直到达恩施,沿途"执拗"地向南切穿2000m高的长江、清江流域分水岭主脉,在板桥境内流入恩施大峡谷,最终形成了清江支流云龙河,流经的地方还有很多独特的天坑、竖井奇观。这样特殊的岩溶水文地质现象使其与近在咫尺的重庆奉节天坑地缝系统一道,在长江—清江分水岭地区岩溶水文地质演化、大型江河袭夺过程研究中扮演重要角色。

入口龙桥洞

出口龙桥洞

图3-44 板桥地区岩溶洞穴投影平面图及地下河出入口

❸ 震撼世界的套叠型峡谷
——恩施大峡谷

小知识 暗河

暗河，主要指地面以下的河流，而且是地下岩溶地貌的一种，主要是由地下水汇集，或地表水沿地下岩石裂隙渗入地下，经过岩石溶蚀、坍塌以及水的搬运而形成的地下河道，主要是在喀斯特发育中期形成的，往往有出口而无入口。

>>> 3.6.2 恩施板桥高家垴穿洞

恩施市高家垴穿洞在板桥镇海拔1380m以上，是一高约40m，宽约1m，长约80m，呈椭圆形的穿洞，穿洞的中间，还有一直径大约为20m的天窗，天窗过后，出现两个平行的穿洞。有县道005依穿洞而过，为天然的通道。洞顶可见次生沉积物钟乳石发育，大小不一，长0.3~1m，洞壁可见溶蚀孔，洞内可见裂隙水及壁流水。该穿洞是岩石圈-生物圈-水圈-大气圈相互作用的产物，洞顶除局部有危岩外，整体基本都处于稳定状态，穿洞内为天然的通道供车辆通过，此类规模的地质旅游资源在鄂西南地区乃至湖北地区都较为少见（图3-45）。

图3-45 板桥高家垴穿洞

3.7 一枝独秀的朝天笋

朝天笋海拔1870m,朝天笋是垂直节理构造型溶蚀蚀余石柱,位于恩施大峡谷后山延绵的坡地中,从谷底拔地而起,高约150m,柱径为5~20m,上尖下粗,坚挺兀立,傲视苍穹,因其极具男性阳刚之美,被当地老百姓俗称为"日天笋"(图3-46)。石笋南北向扁平陡直,东西两侧似

图3-46 朝天笋

有"垫肩",故将这窝石笋称为"大鹏展翅"。它也是大峡谷标志性景观之一。

孤峰是峰林发育晚期残存的孤立山峰,多分布于喀斯特盆地底部或喀斯特平原上。孤峰的形成模式:地壳上升后长期稳定,石灰岩致密、层厚且产状平缓,将首先发育石芽、溶沟、漏斗和落水洞,继而形成独立洞穴系统,地下水位高低不一。随后独立溶洞逐渐合并为统一系统,地下水位亦趋一致。地下水位之上出现干溶洞、地下水位附近发育地下河,地面成为缺水的蜂窝状。再后地面侵蚀,使浅溶洞与地下河因崩塌而露出地表,地下河陆续转变为地面河,破碎的地面出现溶蚀洼地与峰林。最后,喀斯特盆地不断侵蚀、扩大,地面广布蚀余堆积物,形态接近准平原,但仍然残存溶丘、孤峰。

3.8 马者滑坡警示录

2020年7月21日清晨,清江上游马者村沙子坝滑坡垮塌,致清江干流河道形成堰塞湖,水位急速上升,有溃坝危险。此处距离恩施州城区30km。滑坡平面形态呈"舌"形,纵向长1200~1500m,横向宽320~580m,滑坡体积约1000万m³,为特大型土质滑坡(图3-47)。这一滑坡由于监测发现报告及时,先期处置得当,群众撤离转移迅速,未发生人员伤亡,这是一个滑坡成功预测的案例。

图3-47 马者滑坡

小知识 XIAOZHISHI 如何预防应对山体滑坡

山体滑坡是一种很严重的地质灾害,尤其是在土质层较松的区域发生暴雨,这样极可能诱发山体滑坡,经过雨水的强烈冲刷,山体变得破碎、松散,随之便滚滚而下将房屋以及人掩埋。那么我们十分有必要了解山体滑坡的预防及应对措施。

要想预防山体滑坡,首先要做好地质灾害危险性评估工作,选择厂址和宅基地时,应重视斜坡的稳定性。如果坡体是一个古滑坡、斜坡上松散土石层较厚、岩层倾向与坡面一致、含有松软地层等的地方,就不宜选作建设场地。

其次是做好加固山体的防范工程。措施主要有消除或减轻水的危害、改变滑坡体外形、设置抗滑桩、改善滑动带土石性质等。如修建截水沟和排水沟拦截斜坡上的地表流水,并沿排水沟把水引出滑坡体,就可以消除诱发滑坡的地下水的作用。

此外,还需定期检查房屋及山坡地表的变化。包括检查房屋墙壁是否存有裂缝、裂纹,斜坡上的电线杆或树木是否向一方倾斜,以及房屋附近的路面是否已发生变形等。

滑坡发生时,应迅速撤离到安全地点,不能选择滑坡的上坡或下坡作为避难场地。在确保安全的情况下,应当注意保护好头部,并离原住所越远越好。滑坡停止后,不应立刻回家,因为滑坡会连续发生,要避免二次遇险。

应对山体滑坡要迅速环顾四周,向较为安全的地段撤离。一般除高速滑坡外,只要行动迅速,都有可能逃离危险区段。跑离时,以向滑坡两侧跑为最佳方向。在向滑坡下滑动的山坡中,向上或向下跑均是很危险的。当遇到无法跑离的高速滑坡时,更不能慌乱,在一定条件下,如滑坡呈整体滑动时,原地不动,或抱住大树等物,不失为一种有效的自救措施。

3.9 典型的构造断崖——朝东岩绝壁

从利川团堡大河碥至恩施朝东岩一带,是清江上游干流最雄伟的峡谷段(图3-48),全长约40余千米,该峡谷段是典型的不对称峡谷,峡谷的右岸陡峭,形成高大、延长的绝壁,如朝东岩绝壁,左岸为较缓的大斜坡(图3-49)。

朝东岩峡谷清江大峡谷的组成部分之一,位于恩施市屯堡乡境内318国道1610km处,地处恩施市

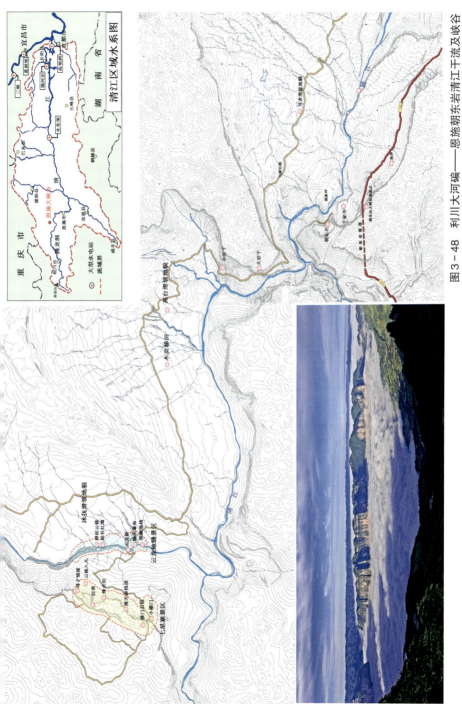

图3-48 利川大河碥——恩施朝东岩清江干流及峡谷

图3-49 恩施朝东岩清江干流右岸大绝壁、左岸大斜坡

西部与利川市接壤,清江河上游段,长约17.5km,纵断面比降大,落差近280m,比降为16‰。该河段河床海拔约500m,其上有数级陡崖分布,最高一级陡崖顶部与水面高差达843m,气势雄伟,蔚为壮观,国内罕见。出露地层主要为下三叠统大冶组(T_1d)灰白色中厚层灰岩,地层产状较平缓,崖壁植被覆盖影响小,基岩大片裸露,岩壁上层理清晰明显,为典型的地壳抬升-流水侵蚀地貌景观,对研究清江流域地貌演化具有重要的科学研究价值。

朝东岩崖壁呈"梯形",为北西西走向,临清江与对岸形成了一道峡谷(图3-50),谷深多在500～700m之间,右岸谷坡陡峭、左岸相对平缓。因崖壁似一幅巨大的壁画,图案各异,离峰石柱,傲然挺拔(图3-51),当地老百姓称其为猴子湾、猪鼻嘴、狮子岩、老虎地、羊子角、猫耳洞、相思岩、白鹤川等。

❸ 震撼世界的套叠型峡谷
——恩施大峡谷

图3-50 恩施朝东岩遥感影像图（大断崖景观）

图3-51 朝东岩离峰

3.10 姚家平
——未来的水利枢纽

湖北姚家平水利枢纽工程位于清江上游湖北省恩施州恩施市境内,拟建坝址在屯堡乡马者村,距恩施城区约38km,坝址控制流域面积1 927.6km²,占恩施水文站集雨面积的65.8%,坝址多年平均流量51.9m³/s。姚家平水利枢纽的开发任务为防洪和发电,并为巩固拓展少数民族地区脱贫攻坚成果创造条件。

姚家平水利枢纽的前期工作始于20世纪90年代初,恩施市人民政府先后编制完成过《湖北清江姚家平水利水电枢纽工程项目建议书》《湖北清江姚家平水利水电枢纽工程可行性研究报告》《湖北恩施姚家平水利水电枢纽工程预可行性研究报告》。

2020年7月8日李克强总理主持召开了国务院常务会议。会议研究了2020—2022年150项重大水利工程建设安排,强调以市场化改革推动,加快水利工程建设,其中就包括姚家平水利枢纽工程。姚家平水利枢纽工程是湖北省人民政府确定的2020—2022年湖北省疫后重振补短板强功能"十大工程"中水利补短板防洪提升工程之一,是恩施州政府八届人民政府第61次常务会议确定的以州城防洪为主的恩施州重大民生工程。

根据姚家平水利枢纽工程规划和腾龙洞大峡谷国家地质公园区域环境的对比调查,水利枢纽平面工程主体位于地质公园朝东岩园区中东部外侧。储水库区淹没范围主体位于地质公园内,未来库尾末端可到清江干流雪照河、支流云龙河的下游局部地段(图3-52)。

❸ 震撼世界的套叠型峡谷
——恩施大峡谷

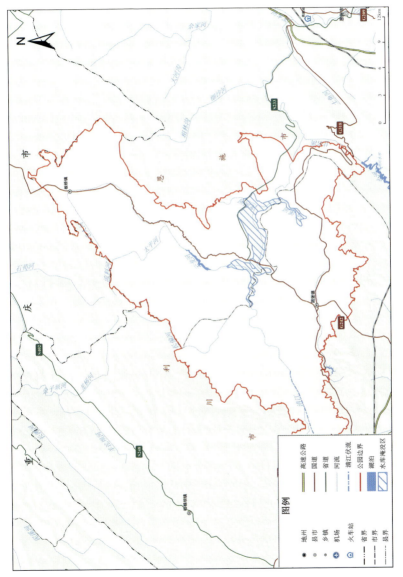

图3-52 姚家平水利枢纽工程水库淹没范围示意图

3.11 大龙潭库区风光

>>> 3.11.1 大龙潭水库

清江大龙潭水库是清江上游干流开发的骨干工程,坐落在恩施州首府恩施市上游 11km 处的大龙潭峡谷,318 国道及待建的沪蓉高速公路穿梭而过。大龙潭水库是一座以防洪、发电为主,兼顾城市供水的中型综合水利工程(图 3-53)。

大龙潭水库风景区(图 3-54)占地 4500 亩,长 16km,宽 200~300m。

图 3-53 恩施大龙潭水库

3 震撼世界的套叠型峡谷
——恩施大峡谷

图3-54 恩施大龙潭水库风景区

该区域属中热带季风性湿润气候，水源充足，山清水秀，具有峡谷、台地、平坝等多种地貌特征，清江主河道、鸭松溪、拖泥溪、龙桥河等支流，构成其曲折迂回的水库库面（望胜玲，2008）。

>>> **3.11.2 清江河流阶地**

河流阶地是过去某个时期的河床被废弃后形成的河流地貌，它以地貌和沉积物两种方式记录了河流系统对过去环境变化的响应情况（Merritts et al.,1994）。长期以来，河流阶地在第四纪地貌与环境研究中占有重要地位，根据各级阶地基座相对于现代河床的高差及其相应的下切时间，还可以判断河谷的下切速率。阶地面曾经是过去的河床，代表了河道由堆积向下切过程的转变，可根据它来恢复过去的古河道或反演河道演变过程；阶地面的形成则可代表古河床侧向侵蚀的过程（金维群等，2010）。阶地沉积物的厚薄和颗粒粗细等特征在一定程度上反映了古气候变化，而包含在沉积物中的器具、古生物化石等则记录了人类及其他古生物的活动情况，这也间接地反映了气候变化（Bridgland,2000）。

河流阶地的形成过程可大致概括为侧向侵蚀形成阶地基座、阶地沉积物的堆积及形成阶地的下切过程三方面(Bull,1991)。研究表明,阶地基座是河谷在较长时间内处于平衡或准平衡状态时形成的,即当河谷的径流量和泥沙含量均较大,且径流搬运能力与由泥沙产生的抵抗能力相当时,河谷主要表现为侧向侵蚀,形成宽谷面。由于第四纪气候变化主要表现为冰期-间冰期旋回,而气候的这种周期性变化又通过气候植被带的上下(或南北)迁移影响到河流沉积物通量和径流量的变化。因而,不少研究者将河流阶地的形成与第四纪气候变化联系起来。而作为层状地貌面的一种,河流阶地也被看作是地质构造运动的一个直接证据,例如,它曾被广泛应用于青藏高原抬升研究(李吉均等,1996)。此外,也有大量研究者认为河流阶地的形成是海平面升降变化的结果。

清江在恩施境内发育有五级基座阶地,一、二级阶地呈月牙状沿江展布,阶面分别高出河床85~90m、120~135m,堆积物具二元结构,但不连续(图3-55);三级阶地遭水系

图3-55 大龙潭水库二、三级阶地(一级阶地被淹没)

切割,阶面不完整,高于二级台面40m左右,具二元结构特征,阶面高出河床180~190m(图3-56)。此外,在部分地区形成有以崩塌堆积为主的二、三、四、五级基座阶地,自高向低呈阶梯状斜坡向江面及下游倾斜。堆积物除崩积块石外,夹有亚黏土,两岸基本对称。这些阶地对研究鄂西山的抬升、清江的形成具有重要的意义(王增银等,1999)。

研究认为,清江上游一般发育四级阶地,且主要是基座阶地,堆积物具一元结构,以冰川堆积物为主。根据冰期对比分析,其形成时代为中更新世早期至晚更新世晚期,其中第四级阶地为侵蚀阶地,大

图3-56 清江干流三、四级阶地

致相当于云梦群夷平面。清江下游一般发育五至七级基座阶地。根据阶地上堆积物时代对比,下游比上游多2~3级高基座阶地,即多级中更新世以前形成的阶地。综上所述,鄂西山区从更新世(距今258.8万~1.17万年)到全新世(距今1.17万年至今)出现过多次间歇式的上隆过程。

4 中国最美的洞穴之一
——腾龙洞

4.1 亚洲最大的洞穴系统
——腾龙洞

腾龙洞,位于湖北省利川市,清江上游,是中国已探明的最大溶洞,世界特级洞穴之一。2005年,《中国国家地理》组织的"选美中国"评选中,腾龙洞被评为"中国最美六大旅游洞穴"之一。2019年与恩施大峡谷一起被正式确定为国家地质公园,2020年12月,腾龙洞景区成功晋升国家AAAAA级旅游景区。腾龙洞以其独特的自然景观和宜人的气候环境,被公认为旅游、疗养、探险、地质考察的首选去处,是目前发现并有相应数据公布的洞穴中,单位面积和未探明长度位居世界之冠的洞穴通道(图4-1)。

据历史记载,腾龙洞古名干洞、硝洞,大约22.9万年前,长江的第二大支流——清江,也是恩施土家族

图4-1 腾龙洞洞口(恩施腾龙洞大峡谷国家地质公园管理局供稿)

4 中国最美的洞穴之一——腾龙洞

的母亲河,在此穿山而过,形成伏流。因此,腾龙洞就是经过温柔妩媚、奔腾不息的清江水不断地侵蚀形成的巨大岩溶洞穴。千万年来,腾龙洞传说百出,一直是一个神秘的庞然大物。几十年前,15岁的利川少年听了关于腾龙洞的传说后,充满好奇的他,孤身一人举着火把,便深入腾龙洞中,费了几乎整整一天才走完腾龙洞中旱洞(胡飞扬,2021)。至此,人们才真正地发现了腾龙洞,也开始了漫长的探秘过程,经过艰难的探测,逐步揭开了腾龙洞神秘的面纱。

1988年,经25名中外洞穴专家历时32天实地考察论证,勘测腾龙洞的总长度约52.8km,并一致认为腾龙洞是中国目前最大的溶洞,属世界特级洞穴之一。2006年,由英国、爱尔兰、匈牙利、澳大利亚等国15名洞穴专家,与中国地质大学(武汉)、中国地质科学院岩溶地质研究所有关专家,组建中外腾龙洞联合科考探险队,再次对腾龙洞进行科学考察。探测结果表明腾龙洞总长度达到59.8km,比1988年测得的52.8km延长了7km,经初步计算,腾龙洞洞穴容积接近4000万m³。

2008年,中国洞穴研究会会长朱学稳教授考察腾龙洞后,对腾龙洞进行了高度评价(图4-2)。同年,原国际洞穴协会主席Derek Ford教授在腾龙洞考察后评价"腾龙洞是我见到的世界上最壮观的地下河洞穴之一,其地下河入口景观可与世界自然遗产地——斯洛文尼亚的斯科契扬洞相媲美"(图4-3)。由此可见,腾龙洞为实属罕见的喀斯特地貌景观,也被评定为世界级地质遗迹。

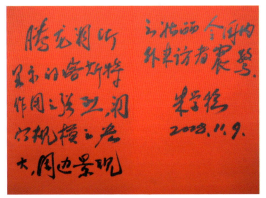

图4-2 中国洞穴研究会会长朱学稳教授腾龙洞题词

图4-3 原国际洞穴协会主席Derek Ford教授腾龙洞题词

腾龙洞洞穴系统由旱洞、水洞及地面穿洞组成，洞穴系统总长度59.8km，其中水洞也称"清江伏流"，长度达16.8km。旱洞与水洞呈北偏东走向，两洞口相距近百米，基本上处于上、下两层，上层为旱洞，称为腾龙洞，下层为水洞，称为落水洞。整个洞穴群有中大小支洞300余个，洞中有山，山中有洞，无山不洞，无洞不奇，洞中有水，水洞相连，构成了一个庞大而雄奇的洞穴景观。西南起于腾龙洞洞口，与明岩峡峡谷相连；西北抵于黑洞洞口，与雪照河峡谷相通，总体上呈由西南向东北方向展布，是一个沿清江河谷延伸的巨大洞穴系统(图4-4)。

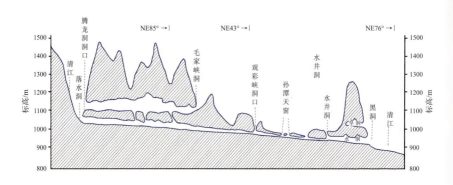

图4-4 腾龙洞洞穴系统剖面图

4.2 腾龙洞旱洞

"登山当登珠峰，览胜应游腾龙"，这是原中国作家协会副主席冯牧在游览腾龙洞时所写，将腾龙洞与珠穆朗玛峰作比较，可见腾龙洞之震撼。整个洞穴西端的洞口便是腾龙洞旱洞入口，洞口十分浩大，洞顶石林密布、岩燕纷飞，令人感叹不已。旱洞洞口高74m，宽64m，可同时容纳20多辆卡车并排驶入，直升飞机可在洞口自由盘旋，热气球也可

❹ 中国最美的洞穴之一——腾龙洞

在洞口置放(图4-5),可见腾龙洞旱洞规模宏大,撼人心魄(图4-6、图4-7)。洞内一般地面较平坦,洞腔浩大,洞穴最高处可达237m,最宽处174m。洞内现形成迎宾厅、望龙厅、教场厅、白沙厅、三元厅、五洞厅等10余个大厅;洞内有三岔口山、妖雾山、白龙山、白玉峰、花果山等山

图4-5 腾龙洞旱洞洞口

图4-6 洞中有洞

图4-7 腾龙洞旱洞大厅

峰，其中以妖雾山规模最大，山体高度达125m；洞内保持了不同时期发育完备的岩溶地貌，岩溶堆积物丰富多彩，奇峰异石垒叠，危崖高悬（唐敦权，2014）。其中，有高大的"金字塔"、魔芋石、钟乳石、珍珠滩，还有玲珑小巧的石花、石蛋，由石柱、石笋、石幔、石乳组成的千姿百态、精巧奇特的美景更是数不胜数，让人应接不暇（图4-8～图4-10）。

图4-8 钙华

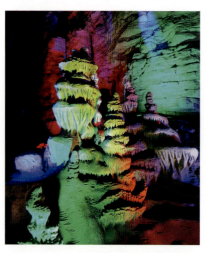

图4-9 洞内钟乳石

图4-10 石葡萄

4 中国最美的洞穴之一——腾龙洞

腾龙洞主要支洞27条。最大的两条为：一条为毛家峡洞（长968m，宽20~50m，高25~40m），是腾龙洞的第一个支洞出口，在现代地貌形成以前也是腾龙洞唯一的洞穴，后来在地下水侵蚀的喀斯特作用下，山体承受不住压力崩塌形成"U"形的岩溶嶂谷（图4-11）；另一条为白玉石林（长968m，宽20~30m，高30~50m），支洞中又有若干小支洞，这些支洞中岩溶景观千姿百态、琳琅满目，主要景点有白玉石林、千佛殿、珍珠壁毡、龙灯洞、白龙宫等。

在腾龙洞旱洞中除了可以看到壮观奇特的自然地质景观外，还能体验到独具特色的土家族歌舞文化、民族风情。充分利用腾龙洞洞厅规模宏大的特征，洞内建有世界最大的原生态洞穴剧场，设有2000个座位，每天上演大型原创土家族情景歌舞《夷水丽川》，演绎在腾龙洞景区一带生息繁衍的土家族民族文化的精华，讲述了土家族先民与大自然搏斗的艰辛历程和勇往直前的奋斗精神，生动地展现了土家族浓郁古朴的风土人情，已成为土家族民族文化的一个标志和品牌（图4-12）。洞内还有着全国唯一的洞穴综合激光表演秀《腾龙飞天》，通过高科技手段的全新融入，虚与实的完美融合，为游客呈现出一幅幅美轮美奂震撼难忘的画面，开创了自然景区

图4-11 毛家峡

图4-12 大型歌舞秀《夷水丽川》

与高科技相结合的先河(图4-13)。两场演艺将"人间秀"融入腾龙洞,使得非物质文化遗产与世界级自然景观相得益彰,堪称绝品。

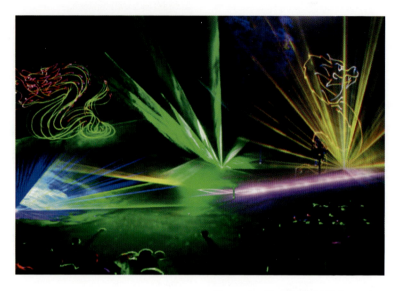

图4-13 激光表演秀《腾龙飞天》

4.3 中国最大的伏流瀑布 ——"卧龙吞江"

清江在腾龙洞旱洞洞口旁不远处,流经水洞,变为地下伏流,长约16.8km,是中国最长的地下伏流。清江古河床在水洞洞口处陡然下降,形成30多米的巨大落差,八百里清江流经此处,猛然下跌,奔腾而下,浩浩荡荡地"冲"进水洞中,水流冲击两岸,摔打出雪白的浪花,气势磅礴、涛声震天,形成了"银涛卷入冰壶浆,余沫飞溅游客裳"的壮丽景观。从远处看,水洞黑魆魆的洞口,就像一条卧龙张大嘴巴,一口吸进这奔腾的江水,故称之为"卧龙吞江"(图4-14)。"卧龙吞江"的壮观

4 中国最美的洞穴之一——腾龙洞

场景是世界上较为罕见的巨型岩溶落水洞,中国科学院袁道先(1988)院士主编的《岩溶学词典》中,在伏流的定义中引入利川清江伏流为范例,称其为"世界上难得一见的洞穴系统的典型代表"(图4-15)。

图4-14 卧龙吞江

图4-15 腾龙洞旱洞及"卧龙吞江"入口

4.4 清江古河床及"三明三暗"

清江,古称"夷水",是长江一级支流,因"水色清明十丈,人见其清澄",故名清江。清江自恩施州利川市的齐岳山流出后,奔流过程中,经过几次改道,现途经7个县市,最终汇入长江。清江曾经流过的河床,在改道后,被人们发现,称为"清江古河床"。清江古河床全长约8km,沿途发育有天坑、洼地、河谷、干河沟、峡谷等岩溶地貌,碎石、崩塌的巨石随处可见。腾龙洞旱洞便是典型的清江古河床,除此之外,还有一、二、三龙门形成的穿洞群,干河沟等(图4-16)。

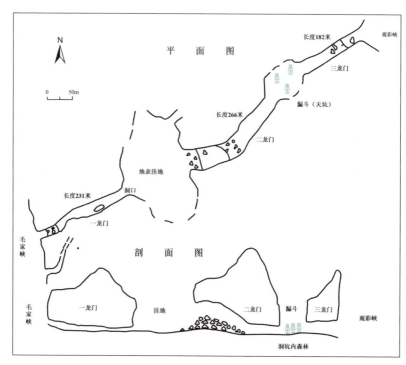

图4-16 一、二、三龙门穿洞群平面图及剖面图

102

4 中国最美的洞穴之一——腾龙洞

一、二、三龙门穿洞群,俗称"三龙门",位于利川东城笔架山村12组,毛家峡和观彩峡中间段,是腾龙洞洞穴系统中最重要的地质奇观,是清江古河床的重要部分(图4-17～图4-19)。穿洞是指地壳抬升使洞穴脱离地下水位而崩塌残余的部分,且两端透光。"三龙门"穿洞群是毛家峡洞向东延伸部分崩塌的结果,该区域在小范围发育穿洞群地貌,不仅景观奇特,而且包藏有多种岩溶形态,如穿洞、盲谷、袋状谷、小型天坑、溶蚀洼地等,是世界上罕见的岩溶地貌。

图4-17 一龙门穿洞

图4-18 二龙门穿洞

图4-19 三龙门穿洞

干河沟,也称干谷,位于利川市团堡分水村8组,也是清江古河道重要的组成部分。早期的地表河道,因地表上升和气候变化等发育的地上、地下排水系统,开始袭夺部分最终全部袭夺了地表河,成为了干谷(图4-20)。由于区域综合情况较为复杂,在这之前应该是地下伏流,崩塌后成为峡谷和地表河,峡谷边坡有残留的石柱和没有被水搬

奇妙地质之旅
穿越恩施大峡谷－腾龙洞

图4-20 干河沟（干谷）

运走的崩塌堆积的石块，尤其在靠近黑潭洞的位置有一处丰水期是瀑布，枯水期是悬崖。干河沟有着明显的阶段性发育遗迹，地质构造与清江演变有着相关的联系，具有极高的科学研究价值。

清江是一条充满神秘色彩的河流，古河床是清江在奔流过程中留下的足迹，是珍贵的地质遗迹资源。除此之外，清江在奔流过程中，还表现出了"三明三暗"的奇特景观。清江自利川齐岳山汪营后坝龙洞沟流出后，自西向东奔流、曲折前进，一路上不断切割云贵高原东部边缘的鄂西群山，时而地上时而地下，忽明忽暗，像是与人们玩起了捉迷藏，于是便出现了著名的景观——"三明三暗"。这"三明三暗"，其实就是清江3次进入地下伏流、3次露头奔流的情形。《利川市志》用不足百字记载了这段清江的奇观："潜流至汪营龙洞沟涌出地面，至城东落水洞潜入洞中，于观彩峡露出地面，明流一公里又成伏流，于黄泥坡北黑洞出，经雪照河至乌鞘塘入恩施境。"清江在利川境干流长92.2km，竟3次潜入洞中，真令人震撼不已！

腾龙洞的位置，就是清江第一次潜入洞中，变为伏流的地方。远古的时候，清江从腾龙洞旱洞进入伏流，现在，又改道为腾龙洞旱边的水洞，形成"卧龙吞江"的景观。清江从腾龙洞水洞入口下落，变为地下伏流，直至观彩峡处，才"露出头来"。过了观彩峡继续"潜入地下"，直至黑洞，才又一次出露地表，变为明流。这便是清江著名的"三明三暗"奇观，着实令人震惊（图4-21）。

4 中国最美的洞穴之一
——腾龙洞

图4-21 清江"三明三暗"模型示意图

观彩峡,位于利川东城交椅台村8组。观彩峡的地形地貌为溶蚀山体峰丛顶部崩塌,又靠近峡谷边坡,有嶂谷发育特征,清江伏流在此露头约300m。观彩峡发育特征较为独特,形态似长方形口袋坑,东高西低,相对深度达到110m,其岩层结构较为复杂,发育形态奇特,喀斯特作用明显,属世界上较为少见的岩溶地貌(图4-22)。

黑洞是清江腾龙洞伏流的出口,伏流在此转为明流。在黑洞伏流出口处不同高程上发育着几十个宛如蜂窝状大小不一的洞口,外形像四十八道望江门窗,这种形态独具特色的洞口,全国稀少(图4-23)。

图4-22 清江伏流露头处——观彩峡

105

图4-23 清江伏流出口——黑洞

4.5 意境美妙的雪照河

清江经历"三明三暗",从黑洞奔流而出,涌出地表,水流湍急,江波滚滚如雪浪腾飞,故人们把这段清江水称为雪照河,清江至此成为明流。雪照河所流经地方均为典型的高山深切峡谷,横剖面多为对称或不对称"V"形,两岸前缘高差达300~500m,岸坡坡度普遍大于60°,甚至为陡立峭壁,除个别地方堆积少量卵砾石外,一般为基岩河床,称为雪照河峡谷。雪照河峡谷段近东西向延展,最上部谷肩(大致相当于海拔1350m等高线)的宽度一般为700~900m,峡谷两岸白崖连天,奇峰披云,象形山石比肩接踵,一步一景,景随步移,在海拔1350m以上还连片分布着峰丛洼地地貌(图4-24、图4-25)。为了充分利用雪照河的资源,这里还建有一座水电站,背靠峡谷,河水涌流,清澈见底,风景十分秀丽(图4-26)。

图4-24 雪照河峡谷及谷底

4 中国最美的洞穴之一——腾龙洞

图4-25 雪照河峡谷及谷底影像图

图4-26 雪照河水电站

4.6 精致无比的玉龙洞

在清江的最后一个伏流出口——黑洞,水清照十丈的清江江水——雪照河的不远处,可以看到一个神奇美妙、精致无比的岩溶洞穴——玉龙洞。因洞内化学沉积物洁白如玉,酷似飞龙,故名"玉龙洞"。玉龙洞是典型的岩溶地貌,洞内三维空间形态比较特殊和复杂,除洞口往内100m距离的洞段外,其余几乎全部受到后期化学沉积物的充填、覆盖和改造,断面形态不规则。洞内次生沉积物非常发育,类型多,分布集

107

中而又普遍。由于滴水、流水、飞溅水和凝聚水的协同作用,以及因环境变迁而产生的多期沉积的叠加作用,共同造成了洞内众多且复杂独特的岩石形状,有的岩石形态灿烂如金,有的却粗如浮屑,还有的岩石细如粉丝,或金银如玉,各不相同,千姿百态(图4-27、图4-28)。玉龙洞中雪白而又细长(直径0.5~1m)的鹅管悬挂带(图4-29),在湖北已报道的同类溶洞次生沉积物景观中名列前茅。2017年经国务院审定,正式将玉龙洞列为国家AAAA级旅游景区。

图4-27 玉龙洞内形态各异的岩石

图4-28 玉龙洞金蛋银窝

图4-29 玉龙洞鹅管

5 湖北最大的天坑群
——团堡天坑群

中国的喀斯特天坑有较广泛的分布区域,但主要在中国南方。特别是峰丛洼地喀斯特地貌区,主要分布在广西的北部和西部,贵州的南部,长江三峡两岸和重庆的东南部,贵州的北部和四川的东南部,湖北与湖南的西部以及云南的东南部等地区(朱学稳等,2006)。地处鄂西山区的恩施州不仅地面风光旖旎,景色如画,更为突出的是其独特的喀斯特地貌形成的天坑、溶洞等地下美景,构成了土苗山乡独特的"地下风景线"。这些天坑群与利川峰丛洼地构成的地上地下联通的立体地貌景观,是教科书式的典型岩溶地貌组合,也是极其珍贵的地质旅游资源。

5.1 峰丛洼地连天坑

峰丛洼地是由正向凸出的石峰和负向凹下的封闭洼地所组成的地貌景观。峰丛是指顶部为锥状、基部相连的溶峰;洼地通常指面积较小、相对低洼、周围封闭的低地。

典型的峰丛洼地喀斯特,是在碳酸盐岩连续沉积厚度大(200~300m),质地较纯,附近的地表河(排水基面)深切,含水层包气带厚度大(100~300m)和潮湿多雨的气候等条件下发育的。其最显著的水文特性是缺乏地面水系而地下水系却十分发达(杨明德等,2000)。

天坑具有巨大的容积、陡峭而圈闭的岩壁、深陷的井状或桶状轮廓等非凡的空间与形态特征,发育在连续沉积厚度及其含水层包气带厚度均特别巨大(地下水位深埋)的可溶性岩层(以碳酸盐岩为主)中,从地下通向地面,平面宽度与深度从大于100m至几百米以上,底部与地下河相连接(或者有证据证明地下河道已迁移)的一种特大型喀斯特负地形(朱学稳,2001)。

天坑的发育、形成,与强烈的地下水动力活动是分不开的。也就是说:天坑与强大的地下河系统有着密切的依存关系。而峰丛喀斯特正是地下河系统最为发育的地区。峰丛喀斯特地貌及其地下河的发育,是天坑形成的十分重要的条件(图5-1)。

❺ 湖北最大的天坑群
——团堡天坑群

图5-1 峰丛洼地与天坑

天坑的形成,还需要特定的水动力条件和稳定的岩层结构等条件。对于冲蚀型天坑来说,地面外源水的集中流入和具备包气带厚度足够大的碳酸盐岩含水层以及良好的排泄条件则是极为重要的。所以在中国峰丛喀斯特区,地下河系统是常见的,而天坑却是稀有的。就全球而言,天坑之所以更为稀有,是因为其峰丛喀斯特区及其大型地下河系统较中国喀斯特区更为稀少(朱学稳等,2003)。

小知识　天坑的类型

形成于碳酸盐岩层中的天坑共有两种成因类型,即塌陷型和冲蚀型。

塌陷型:塌陷天坑是由地下河强烈的溶蚀侵蚀作用导致岩层的不断崩塌并达到地表而成。其发展由地下到地面,并经历地下河洞道、地下崩塌大厅、地表天坑几个主要阶段。

冲蚀型:冲蚀型天坑是在特殊的地质、地貌与水文条件下形成的一种落水洞式或盲谷式天坑。

5.2　大瓮天坑

大瓮天坑地处团堡镇大瓮村,距离利川20多千米。天坑四周悬崖壁立,如同一个巨大的石瓮峃然屹立,故而得名。经探测,坑口东北方海拔1108m,坑口呈不规则半月形,南北长535m,东西宽300m,天坑深108~267m。既是一个独处世外、别有洞天的巴人部落,更是一个见证了数十万年地质变迁的天然地质博物馆。天坑底部东西南北四方分别有巴祖洞、盐神洞、白虎洞、玄武洞4个大型天然洞穴,还有无名洞、鹰嘴洞、情人洞、叫花洞等小型秘洞,目前开放的有玄武洞、巴祖洞、白虎洞。

玄武洞洞口原本有一户丁姓人家,在这里住了上百年。随着景区的建设,住户已迁出天坑,留下的老屋改建成"洞寨兵器博物馆",其中收藏有土家先民用于狩猎、防御、作战的各种兵器近千件(图5-2),耐人寻味!

❺ 湖北最大的天坑群
——团堡天坑群

图5-2 洞寨兵器博物馆展品

巴祖洞曾是巴人先祖居住过的洞穴（图5-3）。洞口自顶山泉滴下，围成小潭，洞内四周有文人骚客的诗作雕刻于上，记录着巴人的足迹……巴祖洞大小洞厅无数，长短支洞万千，宽广曲折，风光无限。洞里有山，洞里藏洞，洞底涌河。石笋、石柱、石旗、石幔、石盾、石盆、石葡萄、石瀑布等千奇百怪，鬼斧神工。

巴祖洞洞口处层理清晰可见，洞内见有断裂形成的阶步。已探明长度1079m，落差44.51m。洞内怪石嶙峋，支洞纵横交错，各种奇形怪状的钟乳石星罗棋布，令人叹为观止、流连忘返。为此景区专门打造了3km长的"洞穴长廊"供人亲临感受地质构造的鬼斧神工。洞道有2处竖井，洞口有水冲刷形成的水沟，洞内有区域性积水，有3处消水，已探测洞道有3处大厅。洞口宽度约为30m，高20m，洞口处可见大量深浅不一的溶蚀坑，洞壁发育边槽景观。洞口顶部平直，有明显的坍塌痕迹，可知巴祖洞不仅受到地下暗河冲蚀，溶蚀作用本身也沿节理处发生了坍塌。根据天坑总体形态可以判断该洞穴可能是大瓮天坑底部地下河出口的残余。

白虎洞为大瓮天坑底部西北侧的一个洞穴，主洞道走向北北西，洞内无水，洞口宽度约15m，高20m（图5-4）。洞口顶部呈浑圆状且岩壁之上可见许多较浅的溶蚀沟及明

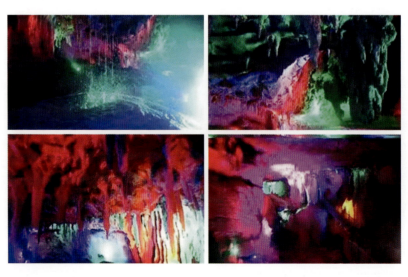

图5-3 巴祖洞奇观

5 湖北最大的天坑群——团堡天坑群

图5-4 白虎洞

显水流冲刷的痕迹，未见坍塌的迹象。洞内见有断裂形成的阶步。根据天坑总体形态可以判断该洞穴是大瓮天坑底部地下河通道早期入口（现地下河水位已下切至地面以下）的残余。

大瓮天坑底部世代有巴人生活，经过上百年历史，在洞内形成了其独有的建筑风格——观天别院，是洞寨巴人以木建筑作为居住场所的代表作，既有典型的土家吊脚楼，又有糅合徽派特色的豪华大宅，老民宅历史最短也有50年，最长的达150年以上，大门门槛都快要被踏破了，这从侧面反映当时坑底居民人口数量较多，鼎盛时期散布居住在天坑内的户数达20余户。别院人家也已随着国家扶贫政策的支持与景区建设者的帮助，搬迁到天坑外重新安置，原来的住房改造成了"洞寨民俗博物馆"，其中展出的上万件民俗古藏品、老物件，是洞寨巴人历年历代传承或收集而来的反映巴人农耕生产、日常生活、礼仪诗书、商贸交易、民族、宗教、信仰等的文物（图5-5）。一件件展品，都是满满的乡愁记忆！

大瓮天坑在地下河道水流强烈的溶蚀、侵蚀和物质输出作用下，本区产状平缓、构造裂隙发育岩层顶板发生坍塌，其物质由地下水道的水流持续输出，崩塌空间不断扩大，最终形成了倒置源斗状的地下大厅。地下大厅穹形顶板逐步崩塌，

图5-5 洞寨民俗博物馆展品

并使大厅的腔体露出地表,原属于大厅顶板的部分不断崩塌平行后退,形成天坑周边的悬崖峭壁(图5-6)。

从目前发现的规模来看,大瓮天坑当之无愧为湖北最大天坑,且大瓮天坑表现出典型的老年化特征,是湖北为数不多的老年期天坑之一。天坑底部东西南北分布有4个洞穴,是地下河与天坑协同发展的遗迹,是大瓮天坑与大型岩溶漏斗区别的重要证据,具有重要的科学价值、教育意义和观赏性。

图5-6 利川团堡大瓮天坑(武陵洞寨)

小知识 天坑的年龄

按天坑的演化阶段,可将天坑分为不成熟(初始)天坑、成熟天坑和退化天坑:不成熟天坑,洞顶不完全崩塌,以倒置状悬崖和"口小肚大"的瓮形为特点;成熟天坑,以四周近直立的崖壁为特征,其顶部口径和底部口径的比值在0.7~1.5之间;退化天坑,仍保留其宏大的规模,但可能失去部分周边陡壁,底部面积远比坑口面积小(图5-7)。

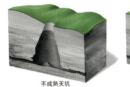  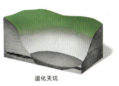

图5-7 天坑演化示意图

5.3 多老河天坑

利川市团堡镇是天坑集中发育的地区,其中金龟村拥有以多老河天坑为代表的众多天坑。该区的峰丛洼地地貌十分典型,上部为一簇一簇的峰丛,下部为低缓的洼地。由于岩溶作用强烈,逐步形成了众多天坑。

"多老"在土家语中有祝福之意,多老河被当地百姓认为是拥有好运的河流,因其静默地躺在天坑底部,而赋予了天坑名称。多老河是鄂西巨大地下伏流系统的一部分,在地下蜿蜒曲折,为鄂西地下岩溶贡献出自己的力量,最后汇入清江。多老河天坑就是在其不断侵蚀中逐渐形成的(图5-8)。

在多老河天坑附近不远处,有两个相连的天坑,名曰金龟天坑(图5-9)。其形态结构与汉中市地洞河天坑极为相似(图5-10),从高空中俯瞰,这两处天坑坑口就像一个镶嵌在山峦之间的"巨型脚掌",让

图5-8 多老河天坑

图5-9 金龟天坑

图5-10 汉中市地洞河天坑

5 湖北最大的天坑群——团堡天坑群

人不由得感叹大自然的鬼斧神工。天坑底部穿过的地下河流系统,以及周边茂密的植被为游客提供了另一番美景。其坑壁呈陡崖状,大概形成于数百万年前,岩石的历史长达2.5亿年。该区底层主要为二叠纪地层,二叠纪灰岩是溶于水的,其下部穿过的暗河不断淘蚀其底部,同时,其上部需要排泄的积水也不断向下侵蚀,等到洞顶不能承受这个重力的时候,它就垮塌下来,随着构造运动的抬升,慢慢就形成了天坑。

5.4 响水洞天坑

位于利川市团堡镇贺家坪村8组的响水洞天坑,地势险要,风光秀美,具有较高的观赏价值。这是继大瓮天坑之后,利川发现的又一巨型天坑。响水洞天坑是坍塌型天坑的典型代表(图5-11)。响水洞天坑长250m,宽175m,深125m,相当于42层楼高。坑底有一322°方向的地下暗河伏流出口,形成一条清澈的溪流,小溪流自伏流出口流出约120m后折向转为171°,然后流入天坑西北侧的洞穴内,变为伏流。有关专家认为,这条水系直达团堡与恩施交界处的小溪河,然后汇入

图5-11 利川团堡响水洞天坑

119

清江。天坑底部伏流出口和洞穴，是地下河与天坑协同发展的遗迹，是一个巨大的伏流系统，错综复杂，具有较高的地质科学研究价值和开发利用价值。

天坑内部植被发育良好，原始生态清晰可见（图5-12），天坑中有山峰、斜坡、溶洞、暗河等，堪称中国天坑的标本。响水洞天坑一面为灰白色的悬崖，如刀砍斧削般陡绝，另一面则长满了小草和小树，绿意盎然。坑底，有一条清澈宁静的溪流，置身其间，只见古藤缠绕，苔藓丛生，野木横陈，完全是一片未经破坏的处女地。

图5-12　天坑底部原始丛林

5.5　宜影古镇
——团堡

宜影古镇环绕石龙山而建，东西两头有一对姊妹塔——宜影塔和培风塔。两塔建于清代，一个在湖畔，一个在山巅；一个古朴典雅，直指云天，一个雕花绘彩，倒影如鞭；一个倡导文风，一个陪衬风水，上面都篆刻有众多文人墨客的题词，足见当时团堡文风之盛。2008年3月27日，宜影塔和培风塔被列入湖北省第五批文物保护单位。

团堡石龙山上还有一座石龙寺，经明、清等几代建成，原为冉氏家庙，后改为寺庙。该寺为殿堂式庙宇建筑，石木砖结构，共四进三院,建筑总面积2000m²。寺内现存大小碑刻23块,详细记述了石龙寺的兴衰始末。因寺中天井内有灵石如龙,故名石龙寺。2002年11月7日被列入湖北省第四批文物保护单位。

1) 宜影塔

宜影塔位于团堡镇野猫水村野猫水湖边(图5-13)。建于清咸丰六年(1856年),砖石结构,面积15m²。宜影塔共7层,由塔底、塔身、塔顶三段干砌叠成,为典型的六面六角翘檐式砖石结构,轮廓分明,布局合理。其高为8m,第一层高2m,中空1.5m,二层以上每层逐层收减高度。每层六面各有6个塔门,加上一层的大塔门,共有37个大小塔门。每层六面各有1个翘角,共有42个翘角,二层以上的36个翘角上,各雕刻一只精致的野猫石像,36只野猫石像虽然姿态各异,但都栩栩如生。塔门两边高大的条石上镌刻着一副遒劲有力的对联:"一色长天高捧日,五更沧海倒凌霄",横批为"宜影塔"。

距今165年历史的宜影塔塔基长期受野猫水塘水浸涮,原砌筑基础的石灰砂浆及其他填充物被洗空,造成其基础蠕动下沉、塔体开裂、塔身倾斜,加之长期缺乏管理和维修,并且在"文革"时期"破四旧"时遭受人为对塔顶和塔檐装饰的损毁,使宜影塔塔顶两层残缺,塔身倾斜近30cm,塔体开裂最宽处10余厘米,濒临垮塌(图5-14)。

图5-13 宜影塔

为了确保文物安全,根据湖北省古建筑保护中心的意见,在对宜影塔结构、稳定情况进行全方位检测的基础上,确定了"只作加固修缮,不作纠倾复原"的总体修缮原则,修缮后的宜影塔结构稳定,主体完整,最大可能地保存了所承载的历史文化信息和文物价值,进一步彰显了宜影古镇的历史文化内涵,百年古塔光华重新绽放(图5-15)。

宜影塔,是从历史深处走来的古塔文化瑰宝,宜影塔把凝固建筑置于流动变换的日月星辰、碧波绿浪中进行审美,是土家建筑师对建筑学的重大贡献。

2)培风塔

培风塔位于团堡集镇318国道南侧,独立小山之上,傲然蓝天,建于清道光二十六年(1846年),七层砖石结构,高约17m,占地20余平方米,平面为正六边形,边长1.9m,塔门西向,宽0.9m(图5-16)。因培植"文风"之意而得名,外形保存完好,塔内楼板已毁。塔门额上阴刻正楷"培风塔"三字,每字20cm见方。石门上刻渔樵耕读浮雕,楹联"绝顶高超联紫气,层梯稳步接青云",行草洒脱,笔锋稳健。第一层六面皆有碑刻及浮雕,其序嵌于门右。

图5-14 修复前的宜影塔

图5-15 修缮后的宜影塔盛景

图5-16 培风塔雪景

5 湖北最大的天坑群——团堡天坑群

小知识 培风塔塔序

培风塔塔序如下:"城东数十里许,寺名团凸,形势突兀,旁得长岗环绕,远来山色,金字联云,近映水光,玉镜倒影,钟灵毓秀,意在斯乎。操风鉴者,谓其日:此地虽属天造,久赖人力以培之,若鬐文笔擎世界,借白石以成台,干青云而直上,则人文将蔚起矣。众闻之,涣然欣悟,意文风胜必培植深,非操他山之石,莫壮百年之观。已而一柱特擎,嵯峨高耸,有志云程者可拾级以登之。因以培风颜其额云,是序(图5-17)。"

图5-17 培风塔塔序

3) 石龙寺

石龙寺位于团堡镇北侧团凸山顶,占地6000余平方米,建筑总面积2000m^2(图5-18)。始建于明洪武初年(1368年),系利川冉氏极祖冉如龙所建,始为冉氏家庙。清雍正二年(1724年),冉大进、冉光傅等募化合族,予以扩建。乾隆三十二年(1767年)"始参外姓名目",改家庙为寺庙。乾隆五十一年(1786年)"后殿倾颓,四壁摧残",住持僧洪海募化重修,历三载而功成告竣。同治四年(1865年)改寺庙为义学。光绪十年撤义学复为寺庙。

石龙寺为殿堂式庙宇建筑(图5-19),石木砖结构,共四进三殿两厢一楼。第一进为清光绪时所建,主体建筑四列三间,进深13m,开21m,中间两列为抬梁式,两边为穿斗式,立柱圆用,梁枋粗大,梁托柱

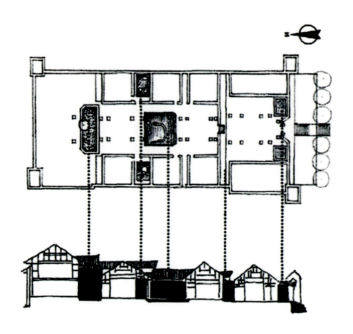

图5-18 石龙寺平面图

图5-19 石龙寺入口及碑记

础雕刻精细。中梁上"钦加三品衔即选道义袭云骑尉施南府正堂"和"大清光绪……"的题记依稀可见。两旁各配一楼一底厢房两间,正面为硬山式瓦顶,白灰墙面。中间大门向内凹进,两边呈"八"字形壁面,门前施抱鼓,青石门框上有"仙鹤栖松非佛国无非佛国,石龙绕殿是人间不是人间"楹联,行书阳刻,门额上鱼、龙、山水浮雕造型生动。大殿两头民国时所建碉楼向前凸出,山门内靠墙建有走廊一条,与两角碉楼相通。

第二进为古刹之遗制,中有山门青石门框,门前施抱鼓,门框上"仙有灵山飞法雨,龙藏胜境起祥烟"楹联,行书阳刻,保存完好。额上"石龙寺"匾额楷书阴刻,周雕五龙护卫,山门两边的墙壁下有碑刻18块(图5-20),字迹大多清晰可见,详细记述着石龙寺的兴衰始末。

山门里为四合院,天井前为厅堂,四列三间,开18m,进深7m,中间两列为抬梁式,两边为穿斗式,全

图5-20 石龙寺碑廊

系木梁木柱,穿榫连接,不用一铁一钉。立柱下石雕柱础低矮古朴。天井后为大佛殿,殿前天井中有灵石盘卧,麟角峥嵘,宛然卧龙(图5-21)。清代诗人张定模有诗赞曰:"怪石峥嵘幻作龙,浑身鳞甲白云封,不是老衲矜雕琢,早乘风雷上九重。"

天井四周檐下的擎檐撑圆雕人物、树木,形象生动。两边厢房院中各有天井1个,左边天井中有石如龟(图5-22),形态逼真,被称为"龟相府";右边天井中有石若蟹,惟妙惟

肖,被称为"蟹将馆"。后殿天井池中,有两堆酷似鱼、蟹,传说是石龙的两位妃子,一曰"鲤妃",一曰"蟹后",惹怒石龙,所以被长期幽禁于后殿。大佛殿的后面是一楼一底的楼房,民国时所建。整个建筑除四周、寺基为条石火砖修砌外,全系木梁木柱,穿榫连接,廊、井、楼、台相互对称,浮雕精细,布局讲究。建筑四周林木葱茏,几株合抱不交的明清银杏枝繁叶茂紧傍寺旁,更显古刹风采。

图5-21 石龙

图5-22 龟相

6 遗留在大山深处的古生物群落

6.1 路过筲箕天坑

筲箕天坑发育在溶蚀峰丛之间的鞍部，隐藏在茂密的树林之中，位于利川团堡镇高岩村。筲箕天坑坑口呈椭圆形，长轴为东西向，长约277m，短轴为南北向，长约176m。天坑周边、底部及岩壁全是茂密的植被覆盖，小面积出露的岩壁为二叠纪灰岩(图6-1)。

图6-1 利川团堡筲箕天坑

6.2 仰望见天坝瀑布

见天坝瀑布位于柏见线西北方向约60m处寒池山麓（图6-2），承雨面积达2km², 二叠纪、三叠纪碳酸盐岩中的岩溶裂隙水井水窝、瓦场沟，以0.2m³/s的流量，从悬崖陡壁的滴水岩上倾泻而下，跌于龙潭，气势磅礴，十分壮观。龙潭呈椭圆形，面积约20m²，里深外浅，水质清澈。漫出之水，经见天坝电站石门坎汇入清江。滴水岩壁呈近弧形，基岩为三叠系大冶组中薄层状灰岩夹泥质条带灰岩，产状为310°∠10°，局部地层因受压而变形形成微褶皱。

瀑布落差120余米，为利川市落差最大的瀑布，犹如从天而降的一条白链，聚成一汪浅绿如碧的清泉，堪称一幅奇妙的地质画卷。在雨量充沛的春夏季节，瀑帘垂挂，银花溅舞，蔚为壮观；秋冬之时，目帘下雨，雾气袭人。岩壁之上因苔藓类植被覆盖，黑黄白相间，犹如国画般，别有一番风味。有诗赞曰："云绕含池巅，观瀑银杏边，吲喝峡谷应，银河挂见天。"

图6-2 见天坝瀑布

利川从不缺少高山峡谷,也显见流水飞瀑。但蔚为壮观者甚少,未被人开采者更为稀缺。见天瀑布便是灵秀山水间的一曲清歌,宛如仙子持彩练般在青山间飘飞。每当雨季,这潺潺流水便成为山间飞舞的玉带,伴着湿润的空气曼妙在山间,继而汇聚成一汪清泉,浅绿如玉(图6-3)。

扑泻而来的源头之水汇入悬崖底部,形成一个小湖(图6-4),浅绿色的水如同婴儿般在大地之上静眠,这一静一动彰显着极深的哲理和处世之学,如同我们的生命一般。让我们在感叹自然的同时,也敬畏大地的力量。

远山扑泻而来的瀑布,近处静谧的小潭,脚下蔓延而去的河流,耳

图6-3 见天瀑布源头溪流

图6-4 瀑布下清泉

畔的水声鸟鸣,这动静结合的山水中彰显着生命的奇迹和生灵的悦动,成为见天坝和谐的奏鸣曲。

守望一池清泉,在高山流水间吟唱。静默一条河流,拥有东流到海的豪迈与坚守。世人爱水、亲近水,源于它多样的性格。寄水以情,自古文人多赞美水,它的不同形态、不同存在也拥有不同的赞美之词。发源于利川海拔最高处寒池山的见天瀑布就拥有刚柔并济的个性,这峡谷柔情的美,或急或徐间展示着他的生命。冬去春来,永不间歇地演奏着属于自己的高山流水,岁月静好。

6.3 感叹古生物礁的生命兴衰

利川见天坝剖面位于湖北西部利川复向斜的中北部,距利川市柏杨镇东北方向约25km。晚二叠世早期(龙潭期)川东—鄂西地区主要为局限潮坪-潟湖沉积环境,发育了一套含煤碎屑岩与碳酸盐岩互层沉积;晚二叠世晚期(长兴期),随着区域海平面上升,在川东—鄂西地区大部分地区以开阔台地沉积为主,在开江—梁平地区发育了一套陆棚-盆地相沉积,在城口—鄂西地区发育了一套以硅质岩沉积为主的深水盆地相沉积(图6-5)。利川见天坝在晚二叠世长兴期总体处于城口-鄂西海槽与川东-鄂西台地之间的台地边缘相带,其下部为一

小知识 XIAOZHISHI 二叠纪生物礁

二叠纪是地质发展史上重要的成礁期,也是中国地质历史上第二次造礁繁盛期。生物礁遍布中国南方川、黔、桂、滇、鄂、湘、苏、皖、浙、赣、陕诸省,在西北的塔里木地区和东昆仑地区也多有分布。当时,海水温暖而又清澈,喜欢生活在浅海的各种钙藻、海绵、水螅、苔藓虫、珊瑚等造礁生物大量繁殖,死后又被藻类缠绕包覆,形成了不同规模的各种类型的礁体。

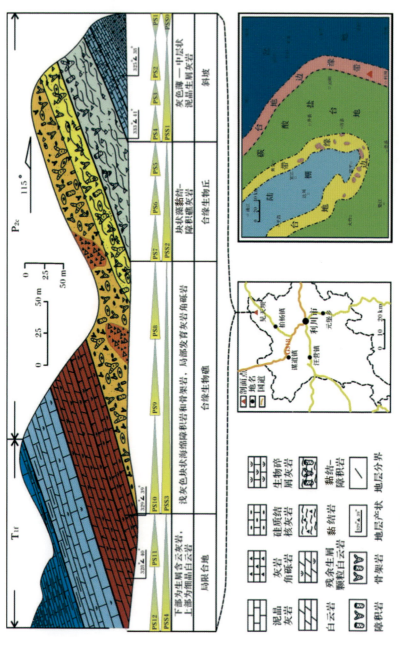

图6-5 鄂西—川东地区上二叠统长兴组古地理及利川见天坝剖面交通位置及剖面图(据李阳等, 2018)

套深水斜坡相沉积,向上水体逐渐变浅,发育了一套以生物礁为主体的台地边缘礁相沉积,到长兴组末期发育了一套开阔台地-局限台地相沉积(李阳等,2018)。

利川见天坝剖面长兴组发育完整,厚度为246.1m,该剖面长兴组与下伏龙潭组和上覆下三叠统飞仙关组均为整合接触。根据该区岩性、古生物组合及沉积发育特征,将长兴组划分为2个三级层序,层序1底界面为上二叠统龙潭组与长兴组界面、层序2底界面位于长兴组内部。长兴组生物礁位于层序1的高位体系域中,发现有大量二叠纪生物化石。层序1从下至上又可进一步划分为5个准层序组,其中生物礁集中出现于第一层、第三层和第四层:第一层属长兴组早期沉积,对应于层序1的海侵体系域,以深灰色薄层含生物屑泥晶灰岩沉积为主,发育有孔虫和菊石类化石,属斜坡相沉积;第三层和第四层属长兴组层序1高位体系域沉积。第三层对应于长兴组长二段下部地层,其下部为一套浅灰色块状藻黏结礁灰岩,上部为浅灰色块状藻黏结-障积礁灰岩,在顶部局部见油侵和沥青。第四层对应于长兴组长二段上部地层,其下部为一套浅灰色块状障积-骨架生物礁灰岩,中上部为一套块状海绵生物骨架礁灰岩(图6-6)。

生物礁由礁灰岩段和上下部不含海绵的非礁相碳酸盐岩组成。造礁生物以钙质海绵为主,一般呈柱状,共鉴定出17个属种的海绵和1个属种的水螅,分别为纤维海绵 *Peronidella* sp.、*Elasmostoma* sp.、*Flabellisclera* sp.、*Ramospongia* sp.、*Bisiphonella* sp.,硬海绵 *Bauneia ampliata*(皮壳状)、*Bauneia epicharis*(皮壳状)、*Bauneia ampliata*(柱状)、*Bauneia epicharis*(柱状)、*Fungispongia* sp.、*Reticulocoelia* sp.,串管海绵 *Cystothalamia* sp.、*Parauvanella* sp.、*Polycystothalamia* sp.、*Sollasia* sp.、*Amblysiphonella* sp.、*Girtyocoelia* sp.和呈蘑菇状的 *Tritubulistroma* 属水螅。另外还有介形虫、有孔虫、藻类等化石(图6-7)。

含钙质海绵段中下部4/5厚度是主要由倒伏海绵组成的倒骨岩,只有很少的古石孔藻包壳,说明造礁生物造礁时处于水动力能量较强的环境,钙质海绵易被打倒;含钙质海绵段上部1/5厚度内海绵大多呈直立态,几乎所有造礁生物被古石孔藻包覆,而且泥晶含量相对减少,说明此时的水动力更强,但古石孔藻的包覆增强了造礁生物的抗风浪能力,因而海绵大多数是原地保存的。

利川见天坝生物礁是我国发育最典型并且保存最完好的二叠生

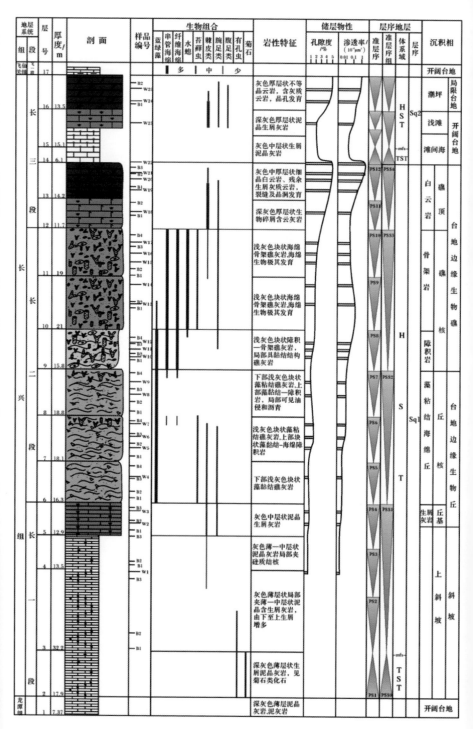

图6-6 利川见天坝长兴组生物礁沉积剖面柱状图(据胡明毅等,2012)

6 遗留在大山深处的古生物群落

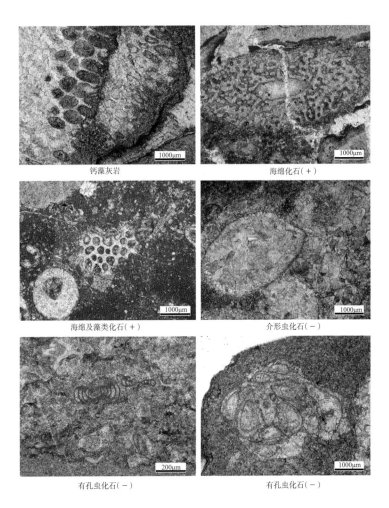

钙藻灰岩　　　　　　　　海绵化石(+)

海绵及藻类化石(+)　　　介形虫化石(-)

有孔虫化石(-)　　　　　有孔虫化石(-)

图6-7　生物礁化石显微照

物礁之一(图6-8),是国内目前研究生物礁各方面成因、特征、沉积环境资料最全面、系统、详细的生物礁地点之一,礁体结构完整,造礁生物丰富,厚度大、分布面积广、出露好,除海绵类古生物化石以外,还发现了原地保存完好的菊石化石,填补了2.6亿年前该区域食物链重要的一环,对研究P—T大灭绝事件发生前的古海洋环境、钙质海绵的生存生长环境和生态系统组成、长兴期油气资源勘查等具有重要的科学

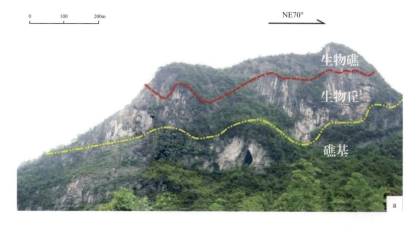

图6-8 见天坝生物礁峭壁断面

根据利川见天坝生物礁岩石特征、生物组合及沉积环境演化特征，可以将利川见天坝生物礁划分为4个发育阶段，各阶段发育特征如下。

第一阶段为生物礁奠基阶段（图6-9），由准层序组PSS1构成。在PSS1早中期，利川见天坝地区处于台地前缘斜坡相带，水体较深，不利于生物礁发育，形成了一套深灰色薄层泥晶灰岩和含生屑泥晶灰岩沉积。到PSS1晚期，由于相对海平面下降，形成了一套低能的泥晶生屑灰岩滩相沉积，天坝生物礁就是在此基础上发展起来的，由于当时水体较深，沉积物颗粒较细，生物类型和数量都较少，主要是一些藻屑、棘皮、腕足类和蜓类等浅海生物。

第二阶段为生物礁初期繁殖阶段（图6-10），主要由灰色块状藻黏

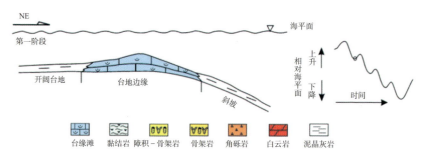

图6-9 生物礁奠基阶段（第一阶段）（据胡明毅等，2012）

结岩、藻黏结-障积生物灰岩组成。随着相对海平面下降,利川见天坝一带海水开始逐渐变浅,在上述环境条件下,首先是藻类等造礁生物礁开始捕获生物屑或灰泥并在生物滩底质上固着生长。随后海绵等造礁生物开始以障积方式生长,海绵和藻类一起构成黏结-障积礁灰岩,同时附礁生物腕足、有孔虫、钙藻等也大量繁殖,灰泥及生屑在固着的生物间大量沉积。生物作用造成的沉积速率明显高于非礁相地区,使得礁体沉积区地貌隆起明显高于同期的非礁体沉积区,这样构成了生物礁初期繁盛阶段。由于该阶段造礁生物主要为藻类,造礁方式主要为黏结作用,同时发育有黏结-障积作用,因此该阶段属台地边缘生物丘发育阶段。

第三阶段为生物礁最大繁盛阶段(图6-11),由准层序组PSS3构成,属台地边缘生物礁发育阶段。

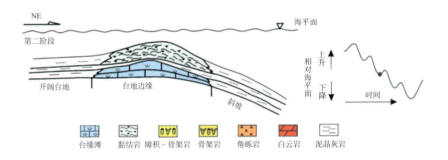

图6-10 生物礁初期繁殖阶段(第二阶段)(据胡明毅等,2012)

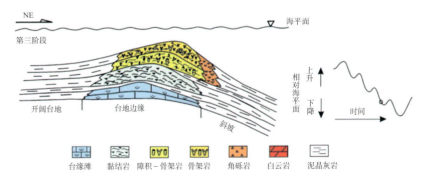

图6-11 生物礁繁盛阶段(第三阶段)(据胡明毅等,2012)

随着相对海平面进一步下降,研究区波浪作用进一步增强,海水的温度、养分、光线等搭配达到了海绵等造礁生物生长的最佳状态,造架生物纤维海绵、串管海绵、苔藓虫等不断生长,附礁生物腕足、有孔虫、钙藻等大量繁殖,使生物礁的发育达到鼎盛,形成了一套以骨架岩和障积-骨架岩为主体的生物礁。由于该时期生物生长速度快,其厚度大大高于同期沉积,因此在礁前向深水斜坡地带发育有垮塌的灰岩角砾岩沉积。

第四阶段为生物礁衰亡阶段(图6-12),由准层序PSS4构成,属礁顶局限台地相沉积。主要为一套中厚层状细晶白云岩、残余生屑灰质云岩、生物碎屑含云灰岩。随着造礁生物的繁盛,礁体发育迅速,当礁体加积增长达到平均海平面,形成极浅水环境并间歇暴露,使窄盐度造礁生物群大量死亡,只有为数不多的广盐性物种如腹足类、蓝绿藻类等生存,生物分异度突然降低。这时候沉积物具有局限台地环境的特征,生物数量和种类大量减少并出现白云石化作用,出现干裂以及强烈淋滤组构,生物生长受到抑制,在纵向上礁体停止发育,顶部出现白云石化现象。

综上所述,鄂西利川见天坝生物礁是在相对海平面不断下降过程中形成的一套的大型加积-进积型生物礁。当水体较深时,由于养分、食物和光线的缺乏,生物数量和种类较少,只能在斜坡背景上形成低能的生屑滩,而这种生屑滩恰恰成为礁体发育的基石。随着相对海平面的下降,波浪增强,环境越来越有利于生物的生长,生物开始繁盛,生物的繁盛使得沉积作用速度加快,从而相对海平面下降更快。当礁体的生长速率大于海平面上升速率,由于容纳空间的增长速率小于礁的

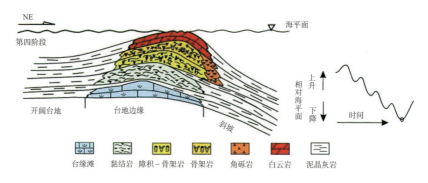

图6-12 生物礁衰亡阶段(第四阶段)(据胡明毅等,2012)

生长速率,当礁体生长到一定程度的时候,水体必然会变得过浅而不适于礁的生长,这时礁体只能向海盆方向迁移以弥补容纳空间增长量的不足所导致的水体变浅,当礁体不能继续迁移或者迁移速度赶不上海平面下降速度时,环境已经不能满足礁体的生长,生物礁开始死亡(图6-13),礁体死亡后遭受暴露和淡水淋滤作用,同时发生混合水白云石化作用(胡明毅等,2012)。

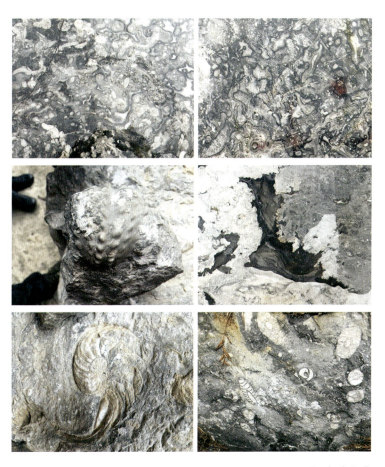

图6-13 见天坝生物礁

小知识　白云石化作用

所谓白云石化,就是由镁方解石或者原生白云石转变为白云石的形成过程,也是碳酸盐化的一种。有关的围岩主要是各种碳酸盐类岩石,共生矿物除白云石外,还有方解石、铁白云石及重晶石等,有关的矿产有铅、锌、锑、汞和重晶石等。

6.4　掩藏在古生物礁体上的石林

利川见天村生物礁灰岩石林位于见天村柏见线路旁山坡之上,处于山坡边缘处,高约10m,植被覆盖茂盛,顶部因溶蚀作用呈尖棱状。从远观可观察到少量石林景观出露,走近便可发现礁石上布满了密密麻麻的生物化石(图6-14)。其他地方的石林大多由石灰岩、白云岩的碎屑组成,但见天村的石林自然天成,是一种完全由古生物化石组成的灰岩石林,大约形成于2.5亿年前。

沿山间小路上山,置身山中,首先映入眼帘的是多处石芽景观,高度约5m,形状各异,岩石之上可见多处溶蚀沟,沟深可达4~5m,宽度也1m有余,溶沟附近偶见高约10m的石柱,延伸至山下,但因空间有限

以及植被覆盖等缘故,无法直观其全貌。半山坡上可见多级平坦台地,石林、石芽群等景观主要发育台地之间(图6-15)。

距离地面约50余米的半山腰,枝叶中的一块巨石造型最为独特,底部是几根石柱,撑起上面完整的石头,顶部褶皱,两侧平整,边缘部分层叠,就像瓦片屋檐,中间还有镂空层。石头上布满青苔,几棵大树遮蔽,还挂着两个红灯笼。从山脚仰望,看似平淡无奇,可从半空航拍的镜头中,却可以看出一座飞檐翘角的石屋(图6-16)。

石林基岩为生物礁灰岩,其被国内权威的古生物、油气专家认为是"我国最发育、最典型的生物礁之一,完全可以成为我国供国内外学

者参观学习的生物礁剖面"(胡朝元,1987)、"中国二叠纪最典型的生物礁"(范嘉松等,2005),生物礁具有重要的稀有性、科学性及科普价值,其上发育的石林更为少见(目前在全国乃至世界范围内还未见过相关的报道),可以说利川见天坝石林是全世界独一无二的生物礁石林。

图6-14 见天坝生物礁石林

图6-15 见天坝生物礁石芽群

奇妙地质之旅
穿越恩施大峡谷-腾龙洞

图6-16 见天村生物礁灰岩屋象形石

小知识 二叠纪生物大灭绝

距今2.5亿年前的二叠纪末期,发生了有史以来最严重的大灭绝事件,估计地球上有96%的物种灭绝,其中90%的海洋生物和70%的陆地脊椎动物灭绝。三叶虫、海蝎以及重要珊瑚类群全部消失。陆栖的单弓类群动物和许多爬行类群也灭绝了。这次大灭绝使得占领海洋近3亿年的主要生物从此衰败并消失,让位于新生物种类,生态系统也获得了一次最彻底的更新,为恐龙类等爬行类动物的进化铺平了道路。科学界普遍认为,这一大灭绝是地球历史从古生代向中生代转折的里程碑。其他各次大灭绝所引起的海洋生物种类的下降幅度都不及其1/6,没有使生物演化进程产生如此重大的转折。

6.5 深山里的"地质文化村"
——见天"化石村"

在利川柏杨坝镇东部有一个古老的传统村落,即见天村。见天村位于群山之中,这里峰峦叠嶂,聚集了峡谷、天坑、瀑布、石林、石芽、化石等奇特的地质景观和地质遗迹资源,主要包括利川见天坝生物礁灰岩产地和利川见天村瀑布、利川长扁河峡谷、利川见天坝生物礁石林等重要地质遗迹,是名副其实的"地质文化村"。

见天村还是名副其实的"化石村"(图6-17)。在见天村发现了亿万年前的见天坝生物礁石,被列为国家级地质遗迹点,是我国发育最典型并且保存最完好的二叠纪生物礁之一,从剖面上可以清晰地看到海绵这种生物在区域内从奠基、拓殖、繁殖直到衰亡的各个阶段。

图6-17 见天"化石村"

6.6 惊艳的长扁河峡谷

利川见天峡谷又称长扁河峡谷,是清江支流的峡谷,地处利川海拔最高峰寒池与高山草场野猪坪之间的峡谷断裂带中,两旁悬崖森森,松木林立,终日飘浮的云雾在山谷间萦绕,人行其间犹如跌入谷底,抬头仰望仅见一线蓝天,故诗意般誉为"见天"。该峡谷由几种不同的岩溶形态所组成,最高一层岩溶台面在1400m以上形成,是由三叠系下部的厚层白云质灰岩组成的陡崖及斜面,下一层的岩溶面,在1200~

1300m形成缓坡,岩层主要为二叠系碎屑岩,这层缓坡与上层厚层绝壁,构成宽谷。峡谷的下方,便是深切嶂谷(图6-18)。

图6-18 见天坝大峡谷

见天坝大峡谷是一处与恩施大峡谷不分伯仲的地质景观,远离喧嚣,古朴宁静,乃世外仙境。无论是谁,到了见天大峡谷,无不为其美丽、自然、原始的风光和奇特、丰富多样的资源所倾倒。

行走在峡谷之中,脚下的流水在岩石间流淌,时急时缓,忽明忽暗。两边耸入云天的悬崖峭壁似乎随时都会倒塌下来,令人头晕目眩。峡谷两岸不时有溪水从崖上挂下来,有的似长线,有的似布帘,若是洪水季节,峡谷河水发出闷雷般的轰鸣,像山崩地裂,令人恐惧。而冬天峡谷的流水淙淙,变得格外温顺了。

据考证大约在几亿年前的地壳变动中,由于断裂作用使三叠纪地层与二叠纪地层呈断层接触,后经过山地抬升和水流沿断裂薄弱带长期下切、侵蚀,形成了见天坝的峡谷奇观。

6 遗留在大山深处的古生物群落

在峡谷两岸页岩沉积的岩壁上,节理裂隙的发育十分有特色:峡谷鱼皮村这边的绝壁呈阶梯形分布,岩壁的节理裂隙横平竖直,将岩壁切割得井井有条,看上去就像一条条巨石砌成的古城墙。峡谷下游桂花村这边的绝壁岩上,节理裂隙呈波浪线型,层层叠叠,排列有序,连绵起伏,好像老农额头上的皱纹。跨越在谷底碧绿的水面上一座天然石拱桥,拱圈跟人工砌的一样规则整齐。在一溜岩壁的几个凹陷之处,都有两根石条扭曲如蛇形,两个蛇头连在一起,当地人给它取名叫"蛇相晤(吻)"(图6-19),岩壁上还有层层叠叠的"玲珑塔"等多种奇观,让人看得眼花缭乱。这一幅幅奇妙的地质画卷,就是地壳在剧烈挤压中形成的,不由得让人惊叹大自然的鬼斧神工!

见天坝大峡谷两岸的鱼皮村和桂花村是一片林木葱翠的缓坡平台,平台后面是刀砍斧切的白壁岩,远看活像鱼的脊背,是利川与恩施边界上的分水岭,绝壁上的奇峰异石也是千姿百态(图6-20)。

图6-19 蛇相晤(吻)(褶皱)

奇妙地质之旅
穿越恩施大峡谷——鹰龙洞

图6-20 鸡公岭

鸡公岭上有一条长达1000多米的古盐道，全用青石板砌成，宽1.2m，可容骡马通过（图6-21）。经考证，这条盐道距今约200年历史。自古以来，这里就是盐贩和挑夫们的必经之路。行走其间，只见丛林茂密，野花绽放，百鸟嬉戏，景色异常秀美。时至今日，这条古盐道依然是见天坝的人们到恩施板桥镇赶场和走亲访友的必经之路。

图6-21 绝壁上的古盐道

7 坡立谷中的"中国凉城"
——利川

奇妙地质之旅
穿越恩施大峡谷—腾龙洞

利川市属云贵高原东北的延伸部分，地处巫山流脉与武陵山北上余脉的交汇处，山地、峡谷、丘陵、山间盆地及河谷平川相互交错。钟灵山—甘溪山—佛宝山呈东西走向，横亘于市境中部，将全境截分为南北两半。北部为利中盆地，清江自西向东横贯利中盆地，平川大坝与山地丘陵镶嵌两岸，土地肥沃，物产丰富，为"有利之川""大利之川"，故名"利川"。四周有齐岳山、寒池山、石板岭、马鬃岭、麻山、钟灵山、甘溪山、佛宝山环抱，区域内海拔1200m以上的高山面积占52%。利川市除了山脉纵横之外，还发育有多条河流，如清江、郁江、毛坝河、梅子水、磨刀溪等河流。河流的冲刷作用，加之地形环境的外部作用，利川市区周边形成了典型的岩溶盆地，地学术语称为"坡立谷"，是在水的溶蚀作用下形成的一种特殊的自然地质现象。市内广泛出露峰丛洼地、断崖绝壁、石柱林、天坑、障谷、溶洞及地下河，呈现多级岩溶台面，而不同岩溶台面之间以斜坡或陡崖相连，形成国内外罕见的多级岩溶地貌景观（图7-1、图7-2）。

因山峦起伏，沟壑幽深，河流众多，海拔高度不同，气候差异明显，为典型的山地气候。夏无酷暑，云

图7-1　利川峰丛洼地地貌

7 坡立谷中的"中国凉城"
——利川

图7-2 利川坡立谷遥感影像图

小知识 坡立谷

坡立谷是塞尔维亚语 Polje 的音译名。地质含义为岩溶盆地或岩溶平原。主要指喀斯特区宽阔而平坦的谷地。谷地两侧多被峰林、峰丛夹峙,谷坡急陡,但谷底平坦,又称槽谷。谷地内常有过境河穿过,由谷地一端流入,至另一端潜入地下。在河流作用下,谷地不仅迅速扩大,而且堆积了较厚层的冲积物。此外,还保留着低矮的石灰岩残丘、孤峰和残积物,利川盆地就是一典型的坡立谷,为北东向的槽谷展布,清江从盆地西部流入,穿过盆地,在东部"卧龙吞江"注入清江伏流。盆地中有大量三叠系灰岩残丘、丘陵。

多雾大,日照较少,雨量充沛,空气潮湿,夏天平均气温为22.1℃,最热的7月均温也就23.1℃,是"天然的空调房"(吴阿娉,2017)。2018年6月,中国气象学会经调查研究决定授予利川市"利川·中国凉爽之城"的国字号招牌,这是中国第一座"凉爽之城",称之为中国凉城(图7-3、图7-4)。

独特的地形地貌和天然的气候环境为利川市自然资源与人文资源的发展和积淀奠定了基础,提供了

图7-3 中国凉城——利川

图7-4 利川云海

充足有利的条件。市内动植物资源极其丰富，有维管植物200科、843属、2033种，其中有国家一级保护树种7种，二级保护树种36种。境内盛产坝漆、黄连、莼菜，也是地球上的珍稀孑遗树种水杉树的发祥地，因此利川被誉为坝漆之乡、黄连之乡、莼菜之乡、水杉之乡。利川野生动物资源有300多种，其中珍稀动物20余种，主要有香獐、麂、大獭、果子狸、红嘴相思、红腹锦鸡等。利川依托市内天然的生态资源，以"生态建城"为准则，到2021年，市内森林覆盖率达68.4%，有"鄂西林莽""天然氧吧"的美誉，先后获得"中国避暑休闲百佳县""百佳深呼吸小城""国家园林城市"等生态荣誉称号。

除此之外，利川市充满着传奇

色彩，拥有雄厚的历史文化底蕴。截至2020年，全市市级及以上文物保护单位共94个，其中国家级2个，省级18个，州级3个，市级71个，大水井古建筑群、鱼木寨为全国重点文物保护单位。古遗址16处，古建筑32处，古墓葬18处，近现代重要史迹及代表性建筑18处，石窟寺及石刻10处。

7.1 "中国南方避暑胜地"——利川佛宝山

利川佛宝山，位于利川市汪营镇，因山上建有明代古刹白云寺而得名。佛宝山属于巫山余脉，山峰逶迤、峡谷巍峨、森林茂密、水源丰沛，是清江和郁江"两江"的发源地。佛宝山海拔较高，平均海拔达1500m，坡度较大，日照充足，雨量充沛，属亚热带湿润季风气候，1月平均气温约10℃，7月平均气温为26.1℃，一年四季，温度适宜，是"中国南方避暑胜地"。因独特的山地环境，云雾在山顶环绕，因此形成云海，山顶如仙境，山中泉水吟，山脚河水行（图7-5）。

图7-5 利川佛宝山云雾环绕

为了充分利用佛宝山的自然生态景观资源,现已建立佛宝山景区(图7-6),由峡谷漂流、原始丛林、千年禅寺、碧绿天池、瀑布群落、绝壁长廊等组成,自然景观与人文风情交相辉映。2003年6月佛宝山被国务院正式批准为国家级自然保护区,保护区有国家一、二级保护树种水杉、珙桐、秃杉等10多种植物;国家一、二级保护动物金钱豹、锦鸡等10余种,2012年佛宝山风景区评为国家AAAA级景区,成为全省首个建在国家自然保护区内的AAAA级景区。

图7-6 利川佛宝山

佛宝山的猴儿崖3D玻璃栈道是湖北首家3D玻璃栈道,依佛宝山猴儿坪绝崖而建造,玻璃栈道全长200m,相对高度约200m,挑出悬崖1.8m,荷载350kg/m²,勇敢地行走于玻璃栈道上,定格眺望飞瀑云海,山水景色尽收眼底(图7-7)。

佛宝山高洞岩瀑布,位于郁江源的源头,落差为260m,因瀑布下面有个巨大的岩洞而得名。高洞岩瀑布为郁江源峡谷中美丽的一段,其山势巍峨高耸,山间瀑布经二级跳跃后直落谷底,响声如雷,气势如虹,磅礴冲天。

佛宝山三叠泉瀑布,因山岩突出隔阻,使得瀑布分为三叠,故得名"三叠泉"。该瀑布落差高达280m,每叠瀑布各有特色,上叠如白雪飘玉带、中叠如冰珠结玉帘、下叠如玉龙潜深潭,三叠携带独有的气势,犹如发怒的玉龙,凌空而下,令人叹为观止(图7-8)。

❼ 坡立谷中的"中国凉城"
——利川

图7-7 佛宝山3D玻璃栈道

图7-8 佛宝山三叠泉瀑布

佛宝山作为"两江"发源地，山水资源丰富，山里植被茂盛，小气候使降雨多、湿度大，加上它属于砂石山类型，蓄水能力比较强。山上有大大小小10余座水库，其中，佛宝山水库是海拔最高、库容量最大的一座水库（图7-9），位于海拔1 471.5m的山地。这座水库于1970年10月动工兴建，1978年竣工，库尾位于大后河上，即郁江的源头。佛宝山水库现已成为利川市的后备水资源。

图7-9　佛宝山水库

7.2 "华中天然植物园"——利川星斗山

星斗山地处武陵山脉与巫山山脉的交汇处，我国西南高山向东南低山丘陵过渡的第二阶梯和第三阶梯的过渡地带，属中亚热带大陆性季风气候。境内山峦起伏，孤峰兀立，沟壑纵横，总面积2880hm²，主峰海拔1 751.2m，最低海拔840m，相对高差很大。星斗山山体呈西北向东南倾斜，山形如弓背，山脊似刀梁。传说，该山主峰距天宫极近，常有神仙摘星辰当灯，来往于星斗山与天宫之间，故名星斗山（图7-10）。

7 坡立谷中的"中国凉城"
——利川

图7-10 利川星斗山

星斗山是一颗绿色之星,风景秀丽,生物资源极其丰富,且古老孑遗植物种类多,为中国重要的物种基因库之一,被称为"华中天然植物园"。由于独特的地形,并有大巴山系巫山余脉作屏障,在第四纪冰川期,受冰川影响很小,成为古近纪植物的"避难所",许多古老稀有植物被保存下来。2003年,星斗山建设成为国家级自然保护区。据调查,整个保护区境内有维管束植物201科、843属、2033种,其中国家一级重点保护植物水杉、珙桐、光叶珙桐、红豆杉、南方红豆杉、银杏、钟萼木、莼菜8种,国家二级重点保护植物秃杉等29种,起源古老珍稀濒危植物达40余种,属世界性、全国性特有树种7种。

7.3 珍稀孑遗植物

1)"长江边上那棵树"(邓小平)——谋道"水杉王"

利川水杉是中国特有的第四纪冰川孑遗树种,属杉科,落叶大乔木,目前世界上仅存此一种。过去植物学界普遍认为已无生存之水杉,只能从古老的地层中找到化石,直至20世纪40年代首次在湖北利川发现后,轰动世界,被誉为"20世纪植物界的新发现"和"植物活化石",是中国"植物界的大熊猫"。星斗山国家级自然保护区是孑遗植物水杉的标本产地,也是世界上唯一现存的水杉原生群落集中分布区,具有极高的典型性,对研究古生物、古气候、古地理等均有着极为重要

155

的科学价值。在利川谋道溪有一棵树龄约600年的水杉树,命名为"利川谋道1号",树高35m,干径2.4m,冠径22m,是世界上年龄最大、胸径最粗的水杉母树,被誉为"天下第一杉"或"水杉王"(图7-11、图7-12)。2006年,"中国水杉植物园"正式建立,在"水杉王"附近,种植了秃杉、珙桐、红豆杉、银杏、美国红杉等10余种国内外珍稀树种。

图7-11 利川"天下第一杉"(恩施州林业局供稿)

图7-12 中国水杉植物园——秋色水杉(恩施州林业局供稿)

2) 翩翩起舞的鸽子花——珙桐

珙桐,国家一级重点保护野生植物,为中国特有的单属植物,属子遗植物,世界著名的观赏植物。因其花形酷似展翅飞翔的白鸽而被西方植物学家命名为"中国鸽子树",有象征和平之意(图7-13)。

图7-13 利川珙桐(恩施州林业局供稿)

3) 子遗珍稀树种

钟萼木,又名伯乐树,是中国特有树种,国家一级保护树种,盛开时满树粉红如霞,被誉为"植物中的龙凤",在研究被子植物的系统发育和古地理、古气候等方面都有重要科学价值(图7-14)。

图7-14 钟萼木花朵(恩施州林业局供稿)

红豆杉又称"紫杉",也称赤柏松,是中国国家一级珍稀保护树种,是第四纪冰川遗留下来的古老树种,在地球上已有250万年的历史,也是世界上公认的濒临灭绝的天然珍稀抗癌植物。在自然条件下红豆杉生长速度缓慢,再生能力差,1994年红豆杉被中国定为一级珍稀濒危保护植物,同时被全世界42个有红豆杉的国家称为"国宝",联合国也明令禁止采伐,是名副其实的"植物大熊猫"(图7-15)。

利川是莼菜的故乡。莼菜又名水葵、马蹄草,是珍贵的水生蔬菜。20世纪70年代新西兰著名传教士路易·艾黎先生在利川市首次

图7-15 红豆杉(恩施州林业局供稿)

发现莼菜。莼菜中含有丰富的胶原蛋白、碳水化合物、脂肪、多种维生素和矿物质,《医林纂要》中记载莼菜有"除烦,解热,消痰"的功效。除此之外,莼菜还具有美容、健胃、强身、防癌等功效。利川莼菜,是利川市特产,也是中国国家地理标志产品(图7-16)。

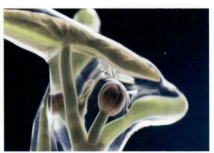

图7-16 利川莼菜

7.4 世界优秀民歌之一——《龙船调》

利川是巴文化的发祥地,民族风情浓郁,传统习俗丰富多彩。利川灯歌、利川小曲与利川"肉连响"号称"利川三绝",并被列入省级非物质文化遗产名录,利川"肉连响"还进入了国家级非物质文化遗产名录。悠悠《龙船调》被评为世界25首优秀民歌之一,并登上了世界艺术殿堂——维也纳金色大厅。2009年10月,利川获得中国舞蹈家协会授予的"中国歌舞之乡"的殊荣。

《龙船调》,也称《利川灯歌》,是利川土家族逢年过节、划彩龙船时常唱的一首民歌,可追溯于清朝初期,距今已经有300多年的历史。在20世纪80年代,《龙船调》被联合国教科文组织评为世界25首优秀民歌之一,2011年被确定为国家非物质文化遗产。《龙船调》是以《种瓜调》为原型改编而来,以歌唱农事种瓜为内容,故又称之为种瓜调或瓜子仁调。利川《龙船调》婉转悠扬的歌声中,既有对巴地楚臣屈原的祭祀,也有对岁足年丰、安定祥和的生活的祝贺和祈祷。巴山楚水、旱地划船、载歌载舞,处处不是舞台,处处又都是舞台。舞的是龙舟竞渡,唱的却是园里种瓜,演的是彩龙飞舞,唱的却是上山砍柴,内容和形式看似相悖,然而观众和演员却在参与当中达到了完美的统一,这正是利川灯歌《龙船调》独特的艺术形态(图7-17)。

依托优秀民歌《龙船调》,以及利川独特的地形地貌环境和优美的自然风景,在2007年,利川市开始建设龙船水乡景区,景区位于清江上游的三渡峡,现已建设成为国家AAAA级风景区,风景秀丽,气候宜人,是利川绝佳避暑胜地之一。龙船水乡集成中国最大的天然水洞——水莲洞,八百里清江源头最美丽的三渡峡,山清水秀,风光如画,在这里天然溶洞群与地下暗河融为一体,土苗民俗风情得到完整的展示。"山因水而活,水因山而美",山与水的最佳组合在这里得到最完美的体现。这里夏无酷暑,冬无严寒,气候宜人,空气清新,氧气充足。清江两岸植被茂盛,自然生态,山峰耸立,江面波光峰影,江水碧绿如缎,朱鹮、白鹤起舞,充满诗情画意。龙船水乡是土家人的世外桃源,在此游山玩水轻松自在,美不胜收,入此佳境令人心旷神怡,流连忘返(图7-18)。

图7-17 《龙船调》

水莲洞已探明长度20 000m,现已开发5km,水洞宁静谧然,奇特诡谲,景物惟妙惟肖,犹如一座富丽堂皇的地下宫殿。洞内次生化学沉积物发育齐全,石柱、石笋、石花、石幔别具一格,或晶莹如玉,或灿烂如金,或粗如浮屠,或细如粉丝,恰似人间仙境。洞内乘舟游览,艄公划船,欣赏土家妹子的山歌野唱,真是妙趣横生(图7-19)。

图7-18 龙船水乡景区

图7-19 龙船水乡——水莲洞

7.5 "明清庄园"——大水井

大水井古建筑群坐落于利川市柏杨镇的莽莽群山之中,北望齐岳大山,南靠寒池高岭,东揽尖刀古观,西控九龙雄关,近得长江三峡之利,内拥崇山峻岭之奇。它始建于明末清初,距今已有300多年历史,是长江中下游规模最大、保护较好、艺术价值极高的古建筑,集土家族建筑风格和汉族建筑风格于一体,中西合璧,独具匠心,是古代建筑物中的奇观。大水井由三大部分组成——李氏宗祠(图7-20)、李氏庄园与李盖五宅院,建筑面积约12 000m²。李氏宗祠修建于清道光二十六年(1846年),祠堂正面东侧有水井一口,泉水甘冽,四季不枯,大水井由此得名。1992年,大水井古建筑被命名为"湖北省重点文物保护单位",2001年,被命名为"全国重点文物保护单位",现已建设成为国家AAAA级景区。

李氏庄园被喻为土家建筑的"交响乐"。沿着宽敞的青石板路,拾级而上,映入眼帘的便是翘角凌

图7-20 李氏宗祠

空的朝门庑殿顶和高高悬挂于门楣的"青莲美荫"4个大字,"青莲"取自诗仙李白的号称——"青莲居士",表明庄园主人攀附李白为祖先,借扬李氏身份不俗。庄园内的建筑具有欧式风格,装饰艺术令人目不暇接,精雕细刻的柱础,玲珑剔透的窗棂,造型奇异的廊柱,曲径通幽的走廊,精致豪华的陈设,使整个庄园富丽堂皇而不显俗气。更为神奇的是,庄园内174间房屋竟然没用一颗铁钉,全部采用木骨架,回廊彩檐吊脚楼,按"风水""八卦"及地理条件,环环相扣,互相依托,互为衬顶,组成一部无声而恢宏的土家民居建筑"交响乐",凝固了一个民族的建筑文化史,是集明朝、清朝、民国3个时代建筑艺术的瑰宝(图7-21)。

图7-21 大水井——李氏庄园

7.6 "千年土家古堡"——鱼木寨

鱼木寨位于利川市西部的谋道镇，占地面积约 $6km^2$，四周皆绝壁，群山环绕。相传在古代，马、谭两大土司交战，鱼木寨的险要地势令谭土司久攻不下，数月后，守寨的马土司派人从寨子上扔下无数活鱼，落于前来攻寨的谭土司帐前。谭土司无奈叹道："吾克此寨，如缘木求鱼也"，"鱼木寨"名字也由此得来。鱼木寨中的土家古堡、古墓、栈道和民宅保存完好，有"天下第一土家古寨""世外桃源"的美誉。2006年国务院公布鱼木寨为第六批全国重点文物保护单位，所在的鱼木村2013年入选第二批"中国传统村落"名录（图7-22）。

图7-22 鱼木寨

鱼木寨四面悬崖如削,铁壁3层,螺峰4座,仅有1条2m宽的石板古道直通寨门。寨楼突兀于崇山峻岭中,两面悬崖万丈,中间门仅容一人通过(图7-23)。鱼木寨也堪称中国最大的"青石博物馆"(图7-24)。脚下踩的是青石路,看到的是青石悬崖峭壁,雄壮的主寨楼亦是青石砌就,寨楼上下两层楼板亦以石作,射击孔下依壁建有石台,就连绝壁上令人望而却步的"亮梯子"也是一块块青石错位镶嵌而成。

图7-23 鱼木寨俯瞰

图7-24 鱼木寨青石路

7 坡立谷中的"中国凉城"
——利川

厚重的历史底蕴，独特的人文景观，美丽的自然风光，孕育了鱼木寨主寨楼的"雄"、古墓群的"幽"和三阳关的"险"。"悬崖脊上建寨楼，一夫把关鬼神愁"，雄壮的主寨楼耸立在绝壁汇合的脊背上，两面是垂直高度达500m的悬崖，气势磅礴，是入寨的第一关(图7-25)。

图7-25 鱼木寨主寨楼

三阳关卡门，墙高5m、宽4m，两边悬崖夹峙、古木参天。绝壁上刻有"三阳关"3个隶书大字，十分醒目。最开始寨民在绝壁上凿出梯子，手脚并用方可上下，俗称"手扒岩"；后来在绝壁上凿洞插入长条石柱，形成"之"字形凌空栈道，才成通途。所谓"三阳关"，是当地人民对阳关大道的期盼(图7-26)。

图7-26 三阳关

亮梯子，又称为悬空栈道，是将长约1m、宽约0.3m的石桩插入石壁之中，一根根石桩铺排开来，在山崖间逐级上升，构成一条别致的石梯通道。人行其上，石桩似颤欲裂，一级一级上下攀缘，石桩没有栏杆，脚底是万丈深渊，上下左右没有任何遮拦，一切豁然透亮，故称亮梯子(图7-27)。

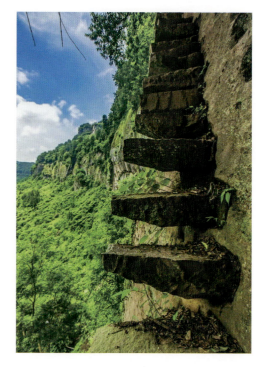

图7-27　亮梯子

结束语

恩施大峡谷－腾龙洞"天然地质博物馆"的奇妙之旅到此就要结束了。在这段地质之旅中，读者可以领略到恩施大峡谷、腾龙洞地区的峡谷、天坑、滑坡、峰丛洼地、飞瀑、暗河等地质奇观的"鬼斧神工"，同时，在恩施这片历史文化底蕴浓厚的沃土上，可以体验到土家族、苗族等独具特色的民族风情、建筑文化、美食文化等。总之，这段奇妙的地质之旅，一定可以开拓您的视野，让您有所收获，更重要的是，对我们生活的地球有了更深的了解。

恩施大峡谷－腾龙洞有着独一无二的地质奇观、得天独厚的生态环境、富有底蕴深度的人文景观，这里同时拥有极高的科学价值、景观价值和旅游价值。

保护地质遗迹是我们对地球和子孙后代的责任和义务，充分地了解地质文化、学习地质知识，是保护地质遗迹的重要手段之一。恩施大峡谷－腾龙洞是地质遗迹、生物多样性保护的典范，《奇妙地质之旅——穿越恩施大峡谷－腾龙洞》旨在通过地质知识讲解、地质科学普及，让更多人了解恩施大峡谷，了解腾龙洞，了解亿万年演化而成的、丰富多彩的地质遗迹，进一步提高公众生态环境保护意识，为实现资源环境可持续发展作出贡献。

目前，恩施大峡谷－腾龙洞区域正在系统地开展地质、地理、生态、文化、旅游等系列科学研究。《奇妙地质之旅——穿越恩施大峡谷－腾龙洞》只是"恩施地质科普丛书"的开篇之作，未来还会有更多的科学研究和科普书籍问世，为努力普及地球科学知识，提高公众在地质多样性、生物多样性和文化多样性等方面的意识，作出贡献。

本书的正式出版得到了恩施州委、州人民政府，恩施市委、市人民政府，利川市委、市人民政府，恩施州林业局及恩施腾龙洞大峡谷国家地质公园管理局，恩施州自然资源和规划局，恩施州文化和旅游局等领导和主管部门的大力支持，得到了大峡谷、腾龙洞区域各旅游企业、旅游景区的大力支持，中国地质大学(武汉)"恩施大峡谷－腾龙洞世界地质公园申报"课题组全体师生的辛勤工作和不懈努力，为本书的完成打下了良好的基础，在此一并表示感谢！

编著者
2022年1月

主要参考文献

邓斌,2011. 三山鼎立卫丹霞[N]. 恩施日报,2011-12-10(6).

范嘉松,吴亚生,2005. 世界二叠纪生物礁的基本特征及其古地理分布[J]. 古地理学报(3):287-304.

胡朝元,1987. 鄂西见天坝长兴组生物礁的发现及控制因素浅析[J]. 天然气工业(2):16-19,5.

胡飞扬,2021. 民族瑰宝腾龙洞[J]. 民族大家庭(2):86-87.

胡明毅,魏欢,邱小松,等,2012. 鄂西利川见天坝长兴组生物礁内部构成及成礁模式[J]. 沉积学报,30(1):33-42.

黄进,1991. 中国丹霞地貌类型的初步研究[J]. 热带地貌(S1):69-81.

金维群,肖尚斌,常宏,等,2010. 鄂西清江河流演化研究进展[J]. 海洋科学(3):88-90.

李吉均,方小敏,马海洲,1996. 晚新生代黄河上游地貌演化与青藏高原隆起[J]. 中国科学(D辑:地球科学),26(4):316-322.

李阳,吴亚生,姜红霞,2018. 湖北利川二叠纪生物礁的埋藏学特征及其环境意义[J]. 古生物学报(2):212-227.

刘启振,王思明,2020. 湖北恩施南宋"西瓜碑"碑文新考——兼论"庚子嘉熙北游"引种"回回瓜"[J].自然辩证法通讯,42(3):57-63.

吕政艺,2018. 湖北恩施与克什米尔地区早三叠世牙形石生物地层研究[D]. 武汉:中国地质大学(武汉).

牟伦超,2016. "断城活化"理念下的城市历史地段系统修复设计——以恩施市六角亭南门历史街区为例[J]. 安徽农业科学,44(29):169-173.

苏潇,2010. 湖北省恩施市沐抚岩柱群地貌特点及成因分析[D]. 成都:成都理工大学.

苏潇,万新南,2010. 湖北恩施市沐抚镇岩柱群地貌成因简析[J]. 南水北调与水利科技(2):107-109.

唐敦权,2014. 世界特级溶洞腾龙洞[J]. 长江丛刊(30):2.

王小刚,2020. 城市更新背景下传统街巷外环境空间评价与保护研究[D]. 绵阳:西南科技大学.

王增银,沈继方,徐瑞春,等,1995. 鄂西清江流域岩溶地貌特征及演化[J]. 地球科学(4):439-444.

王增银,万军伟,姚长宏,1999. 清江流域溶洞发育特征[J]. 中国岩溶,18(2):151-158.

望胜玲,2008. 清江大龙潭水库入库流量预报方法研究[C]//2008年湖北省气象学会学术年会学术论文详细文摘汇集.

吴阿娉,2017. 利川:深山度假 避暑凉城[J]. 湖北画报(湖北旅游)(4):32-33.

吴奎,童金南,李红军,等,2022. 全球古-中生代之交牙形石研究进展[J]. 地球科学,47(3):1012-1037.

肖尚德,2016. 恩施盆地红砂岩斜坡变形破坏机理与防治对策研究[D]. 武汉:中国地质大学(武汉).

杨海燕,付强,熊华盛,等,2017. 恩施红层盆地浅层地温能赋存条件研究[J]. 住宅与房地产(3):283-284

杨明德,梁虹,2000. 峰丛洼地形成动力过程与水资源开发利用[J]. 中国岩溶(1):46-53.

袁道先,1988. 论岩溶环境系统[J]. 中国岩溶(3):9-16.

鄢志武,陈安泽,罗伟,等,2018. 湖北恩施腾龙洞大峡谷国家地质公园科学导游指南[R]. 武汉:中国地质大学(武汉).

张懿,晏鄂川,胡致远,等,2020. 改进层次分析法在沐抚滑坡场地建设适宜性评价中的应用[J]. 科学技术与工程,20(26):10956-10964.

朱学稳,陈伟海,2006. 中国的喀斯特天坑[J]. 中国岩溶(S1):7-24.

朱学稳,朱德浩,黄保健,等,2003. 喀斯特天坑略论[J]. 中国岩溶(1):51-65.

主要参考文献

朱学稳,2001. 中国的喀斯特天坑及其科学与旅游价值[J]. 科技导报(10):60-65,2.

BRIDGLAND D R, 2000. River terrace systems in northwest Europe: an archive of environmental change, uplift and early human occupation [J]. Quaternary Science Reviews, 19(13):1293-1303.

BULL W B, 1991. Geomorphic response to climatic change [M]. New York: Oxford Univer sity Press.

LYU Z Y, ORCHARD M J, CHEN Z Q, et al., 2019. A taxonomic re-assessment of the novispathodus waageni group and its role in defining the Base of the olenekian (lower triassic)[J]. Journal of Earth Science, 29(4):824-836.

MERRITTS D J, VINCENT K R, WOHL E E, 1994. Long river profiles, tectonism, and eustasy: a guide to interpreting fluvial terraces [J]. Journal of Geophysical Research, 99(B7):14031-14050.